写给需要自我疗愈,并寻求自我成长、关系改善、婚姻美满的你。

阅读本书，你将能够

有效驾驭情绪、温暖情绪，心里有花开，脸上有笑容；

构建让人舒服的人际关系，内心充盈快乐与幸福；

激发自身潜力，挖掘未知的优势，成为更好的自己；

拥有美好的爱情、幸福的家庭，成为更被孩子喜欢的父母；

走出阴霾，战胜自我，在超越自我中找到灿烂天地；

守好心灵蓝天，织就心理防"疫"网，收获健康的身体和平静的心绪。

我心飞翔

惠淑英　杨　洁　马永强　编著

电子工业出版社
Publishing House of Electronics Industry
北京·BEIJING

未经许可，不得以任何方式复制或抄袭本书之部分或全部内容。
版权所有，侵权必究。

图书在版编目（CIP）数据

我心飞翔 / 惠淑英，杨洁，马永强编著. — 北京：电子工业出版社，2023.1
ISBN 978-7-121-44739-6

Ⅰ. ①我… Ⅱ. ①惠… ②杨… ③马… Ⅲ. ①人生哲学－通俗读物 Ⅳ. ①B821-49

中国版本图书馆 CIP 数据核字（2022）第 245237 号

责任编辑：刘小琳　　特约编辑：韩国兴
印　　刷：三河市华成印务有限公司
装　　订：三河市华成印务有限公司
出版发行：电子工业出版社
　　　　　北京市海淀区万寿路 173 信箱　　邮编：100036
开　　本：720×1000　1/16　印张：19.75　　字数：275 千字
版　　次：2023 年 1 月第 1 版
印　　次：2023 年 1 月第 1 次印刷
定　　价：88.00 元

凡所购买电子工业出版社图书有缺损问题，请向购买书店调换。若书店售缺，请与本社发行部联系，联系及邮购电话：(010) 88254888，88258888。
质量投诉请发邮件至 zlts@phei.com.cn，盗版侵权举报请发邮件至 dbqq@phei.com.cn。
本书咨询联系方式：liuxl@phei.com.cn；(010) 88254538。

前 言

高尔基曾说过，人的心灵是有翅膀的，会在梦中飞翔。心灵的翅膀，是存在于心中的力量，它由希望和梦想交织而成，可以带着我们在多彩的精神世界凌空向日、自由飞翔；有时，它也常常因为失落和懈怠的束缚而变得焦虑和彷徨。当今社会，人们处于国家和社会快速发展的变革中，承受着纷至沓来的压力，人的心灵变得越来越脆弱，有时甚至不堪一击。如何正确面对和处理压力，及时调整身心不适，更快乐、更幸福地生活，成了全社会都关心的问题。

作为长期从事心理工作的教育工作者，我们一直在思考，如何运用心理学的原理和方法，帮助人们消除困惑、减轻痛苦，更好地生活？在以往的工作中，我们更多地把目光聚焦于那些被心理问题困扰、被心理疾病折磨的人群，致力于通过各种技术和方法帮助他们消除困惑、减轻痛苦。然而，这部分人毕竟只是少数，占绝大多数的心理正常人群，在人生的成长道路上，并没有得到足够专业的技术性指导，以帮助他们开发积极力量、培养积极品质，使他们更幸福、更快乐地生活。

本书的创作初衷是把心灵探索的主动权交给每个人，同大家一起去探索爱的本质、幸福的真谛、快乐的源泉、人生的意义，以帮助个体完成一次面向自我、面向心灵的成长对话。因此，本书围绕一个核心理念——成为更好的自己、过更幸福的生活；兼顾心理学的两个研究视域——解决心理困扰与培养积极品质；从三个层次递进——既解决表层问题，又深入探索心理原因，更长期助人自助；绽放四种基本态度——尊重、理解、真诚、共情；趋向五大目标——提升积极体验、培育积极情绪、促成积极行为、塑造积极人格、构建积极关系；覆盖情绪管理、人际关系、自我成长、婚恋家庭、战胜挫折、心理防"疫"六大领域，以孕育生命之爱、闪耀教育之智、彰显思想之光。

正如著名心理学家卡尔·罗杰斯所言，"好的人生，是一种过程，而不是一种静止的状态，它是一个方向，而不是终点。"希望本书如同一盏心灯，照亮你内心的迷失之处，找到前进的方向；如同一束暖光，照进你的心房，温暖人生的至暗时刻；如同一面明镜，让你直面真实的自己，自我觉知、自我完善。让我们一同启程，在"修心"中完成自我超越！让我们的心田像接受过春雨润泽般，滋养起心底的明媚；让我们积蓄起心灵的力量，像一翩彩蝶般，破茧展翅，自由飞翔！

作者
2022 年 10 月 20 日
于北京

目 录

情绪管理篇

01 改变自己，从管理情绪开始 …………………… 003
02 掌控情绪，成长的必修课 ……………………… 006
03 养生，从养心开始 ……………………………… 009
04 原来情绪真的可以影响身体状况 ……………… 012
05 炎炎夏日，谨防"情绪中暑" …………………… 016
06 温暖情绪过个暖冬 ……………………………… 019
07 养成快乐的习惯 ………………………………… 022
08 微笑的力量 ……………………………………… 025
09 愿你心里有花开，脸上有笑容 ………………… 028
10 心中有爱，每天都是微笑日 …………………… 031
11 笑对人生，学习不生气的智慧 ………………… 035
12 构筑心灵小屋，感受安宁平和 ………………… 039
13 几个小妙招助力缓解心理压力 ………………… 042
14 学会倾诉，释放被压抑的情绪 ………………… 045
15 应对疲倦，打开正确的休息模式 ……………… 048

16 世事纷扰，心中当自有一方天地 …… 056
17 学会欣赏 …… 059
18 对抗焦虑三部曲，给心灵"放个假" …… 062
19 远离浮躁，淡泊宁静 …… 065
20 摆脱虚荣，卸掉心灵负累 …… 069
21 远离抱怨，一路向阳 …… 072
22 摆脱内耗型人格 …… 076
23 积极应对"内卷"，重拾内心安宁 …… 079
24 春节里的二八定律 …… 082
25 清明时节寄哀思 …… 086
26 应对考试焦虑有章法 …… 091

人际关系篇

01 人与人最好的相处是让人舒服 …… 099
02 这样与人相处才会久处不厌 …… 103
03 常怀欣赏他人之心，朋友自然遍布天下 …… 107
04 真正的朋友是沟通心灵的兴奋剂 …… 110
05 "黄金法则"让人际关系更和谐 …… 113
06 尊重是心灵与心灵交流的阶梯 …… 115
07 构建社会支持系统，充盈内心力量 …… 118
08 社交"断""舍""离"，不必把太多人请进生命里 …… 121
09 告别讨好型人格，爱己爱人爱生活 …… 124

自我成长篇

01 挖掘未知优势，成为更好的自己 …………… 129
02 多跟自己沟通：我是谁？ …………………… 132
03 认同自己是增添幸福感的一剂良方 ………… 139
04 优秀的人注重的 4 个细节 …………………… 141
05 学会真正爱自己 ……………………………… 145
06 最美的生活源于自信的自己 ………………… 148
07 世间所有绚丽皆因你而精彩 ………………… 152
08 与幸福牵手，愿世间美好与你环环相扣 …… 154
09 愿我们用自己的脚步去丈量精彩人生 ……… 157
10 活在当下，让人生多一份豁达 ……………… 159
11 保持进取，昂扬向上 ………………………… 162
12 学会活得通透 ………………………………… 166
13 做一点"减法"又何妨 ……………………… 168
14 感恩是一种积极乐观的生活态度 …………… 171
15 你若充实，便不空虚 ………………………… 175
16 成功面前保持"空杯"心态 ………………… 180
17 年轻人拒绝"躺平" ………………………… 183
18 松动固着信念，化茧成蝶 …………………… 187
19 超越自卑，成就自我 ………………………… 189

婚恋家庭篇

01 美好的爱情是相互成就 …………………………… 195
02 接吻，高效直接的"情感探测器" ……………… 197
03 超越原生家庭，达到自我和谐 …………………… 203
04 远离被催婚的焦虑 ………………………………… 206
05 走出失恋的阴霾 …………………………………… 211
06 孩子发脾气时，父母的回应很重要 ……………… 216
07 这样夸孩子才有效 ………………………………… 222

战胜挫折篇

01 人生可贵在于战胜自己 …………………………… 229
02 阳光总在风雨后，请相信有彩虹 ………………… 232
03 失意时，请选择乐观"疗法" …………………… 235
04 改变环境，不如改变自己 ………………………… 238
05 无法做到无敌，但可以学会自愈 ………………… 241
06 歌声里"抗挫" …………………………………… 244
07 走出投射现象的怪圈 ……………………………… 250
08 接纳生活中的不如意 ……………………………… 253
09 打破拖延的魔咒 …………………………………… 257
10 告别失眠的小招法 ………………………………… 260
11 心强助力体健，在伤痛中自我成长 ……………… 264

心理防"疫"篇

- 01 心有阳光,"疫"无所惧 ……………………… 271
- 02 防"疫"也要防"抑" …………………………… 275
- 03 守好心灵蓝天,织就心理防"疫"网 ………… 279
- 04 放松之道,一张一弛 …………………………… 282
- 05 以冥想放松提升战"疫"心理弹性 …………… 286
- 06 长期居家隔离,请安顿好情绪 ………………… 290
- 07 封闭式办公管理,谨防情绪"病毒"侵袭 …… 295
- 08 同理心,有力量 ………………………………… 298
- 09 用"涂鸦"让心与孤独坦然相处 ……………… 301

后记 ……………………………………………………… 303

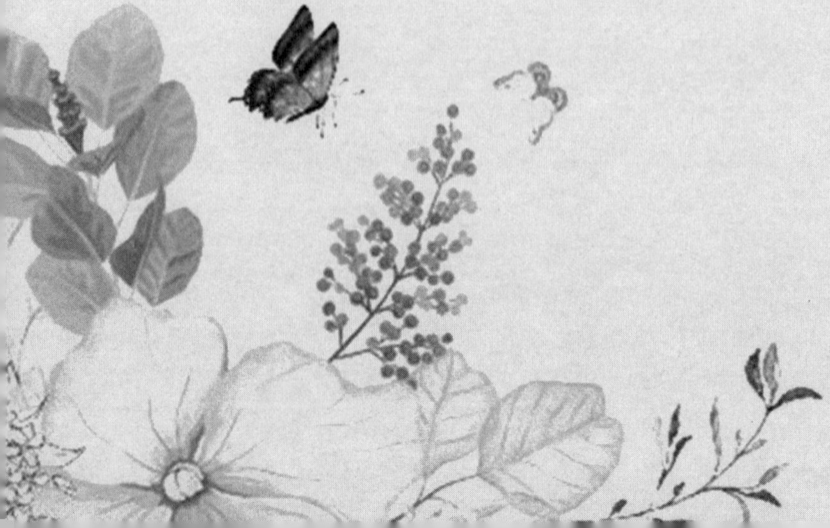

情绪管理篇

情绪不是人的全部,却能左右人的全部

01
改变自己，从管理情绪开始

人非草木，谁都会有情绪低落、沮丧的时候，总有各式各样的不易、不快、不满、不爽。但内心强大的人，总会懂得控制情绪，不会轻易对人发火，甚至能将逆境转化为前进的动力。

一、不对家人发怒火，控制脾气

你有没有过这样的经历：和朋友相处时，你会为了维持关系而忍受矛盾，可回到家，父母的一句唠叨却会让你大发雷霆；工作压力大时，你会为了单位利益而忍气吞声，可回到家，妻子的一句话却会点燃你的愤怒。

我们常常不自觉地把自己在外面受到的怨气带回家，却忽视了家人也在为生活而努力着，他们并没有比我们轻松多少。我们的每一次发火，都是在拉开与家人的距离；我们的每一分怒气，都是刻在家人心上的伤痕。对待家人，遇事不责备，平常多宽恕，是一个人最基本的修养。

二、不让自己生闷气，稳定心态

情绪就像洪水，宜疏不宜堵。越是身在低谷迷茫时，越要学会清空自己的情绪，不生闷气，放下负担，稳定心态。有句话说得好："心态始终保持平衡，情绪始终保持稳定，此亦长寿之道。"

人生偶遇的失意并非没有希望。顺境固然可以助人获得成功，但逆境也能够激发出更好的自己。一条路走不通时，我们可以选择换另一条路走；一件事想不明白时，我们可以选择换个心态解决问题。当一个人扛过了所有的黑暗之后就会发现，曾经以为的苦难早已变得不值一提。

三、遇事别太情绪化，戒掉冲动

当事情发生时，解决问题的关键往往在于我们自己的心态。有人为一些小事而纠缠不休，从微不足道的口角，演变成拳脚相向；也有人遇到急事就心态爆炸，把小事酝酿成大祸。然而情绪过后，一切的后果终究需要自己来承担。

遇事太过情绪化，日子只会是阴雨连绵，不见晴天。正如一句谚语说的，"一怒之下踢石头，只会痛着脚指头"。伴随岁月累积的，不应该只有年龄，还应该有控制情绪的能力。戒掉冲动，减少戾气，才能让生活多一点风平浪静；做人冷静，做事理智，才能掌控自己的人生。

四、处世莫要太消极，保持乐观

虽然，生活有时并不那么美好，但生活就是这样，有黑暗，也会有阳光。我们与其用消极的态度处世，不如积极地面对生活，对可控的事情保持谨慎，对不可控的事情保持乐观，不论身处何地，都别忘了守好心中的明月，照亮人生的一片天地。

管理情绪，是处世的智慧，也是改变自己最好的方式。愿你以平常心对待无常事，迎着阳光，温暖前行。

（惠淑英　王毓成）

02
掌控情绪，成长的必修课

《荀子·修身》一篇中曾说过，"怒不过夺，喜不过予"。

在我们的生活中，遇到不顺心的事难免会有一些情绪，这是正常现象。然而，一旦被情绪左右，人们往往就会失去理智的思考，沦为情绪的奴隶，甚至做出让自己后悔的决定。学会控制情绪是为人处世的智慧，也是一个人开始成熟的重要标志。

控制情绪是一种能力。弱者易怒如虎，强者平静如水，内心宁静方能产生智慧。韩信能忍胯下之辱，终成一代名将，懂得自制的人能够冷静分析问题，寻求解决办法，达到自己的目标。控制情绪并不代表软弱可欺，而是源自一个人内在的自信和魄力，是一种超于常人的大气和从容。

控制情绪更是一种责任。2018年重庆万州公交车坠江悲剧的祸端，竟然是因为坐过站的乘客和司机发生争执互殴而导致的车辆失控，一两个人的情绪失控，搭上了15个人的性命，造成了数十个家庭不可愈合的心理创伤。日常工作生活中，我们对待家人、朋友和同事也是一样，"与人善言，暖于布帛；伤人之言，深于矛戟"，控制不好情绪，乱发脾气，不仅影响自己的身心，也会对别人造成伤害。

那么该如何控制情绪呢？我们不妨尝试几个小技巧。

一、学会转移

当怒火上涌时，有意识地转移话题或做点其他对自己有意义的事情来分散注意力，便可使情绪得到缓解。若感觉怒气还未完全消退，也可以开展一些如看电影、听音乐、游泳、健身等放松身心的娱乐活动，使自己紧张激动的情绪松弛下来。

二、学会宣泄

生活中的各种不良情绪，如果不采取适当的方法加以宣泄和调节，就会对身心产生消极影响。所以当遇到不愉快的事情，感到委屈时，不要一味地压抑在心里，可以及时向朋友和亲人倾诉，也可以喊出来、哭出来、写出来、唱出来。这种宣泄可以释放内心的郁积，对于人的身心调节是有利的。当然，宣泄的对象、方法和场合要适当，避免言行伤害他人。

三、自我暗示

在情绪激动时，心中默念或轻声告诫自己"冷静十秒""不能发火""注意言辞"等，暗示自己抑制情绪。也可以针对自己的弱点，预先写上"制怒""镇定"等纸条放于案头上或贴在墙上。感觉到某些场合或处理某些事情时可能会产生紧张激动的情绪，就事先为自己寻找不应产生这种情绪的理由，时刻提醒自己，帮助自己冷静思考。

四、提升自我

美学家朱光潜曾说过，"情绪不好，是因为智慧不够"。平时，我们能看到，素质低的人，不善于控制自己的言行，脏话连篇，举止粗鲁。而一个修养高的人，会注重自己的一言一行、举手投足，同时，也善于控制自己的情绪，做好自我调节。因此，通过读书、学习提高自己的认识和修养水平，对保持愉快情绪，调节身心是很有帮助的。

水虽柔和，却能滴水穿石；人若平和，定能春风化雨，劈山凿河。让我们不断提升控制情绪的能力，拥有强大的内心，真正做自己命运的主宰者。

（贾俊鹏 牟思儒）

03
养生，从养心开始

现代人都有一定的养生观念，但大多都是从调养身体入手，而忽略了心理调适。其实真正的养生应从养心开始。

有人认为，疾病是体内五毒焚烧的结果，五毒包括怨、恨、恼、怒、烦，是人生的心灵痛苦和无穷疾病的来源。怨伤脾、恨伤心、恼伤肺、怒伤肝、烦伤肾，病者，实由人性心中之生毒而种根，由心理而转于生理。可见，不良的情绪会导致疾病产生。

扪心自问，你是不是一直处于五毒之中呢？你是不是曾经为了本来无谓的事情去惩罚自己的健康与生命呢？一切皆有因果，大多数的病都是自己造成的，由身造、由性造、由心造，而祛病也必须从身、性、心开始。单纯地依赖药物和手术，只是治身的层次，而不可能达到治性和治心的效果。因此，养生需从养心开始。中医认为：心主神，心为五脏六腑之大主。心藏君火，君火以明，主不明则十二官危。心之神可统五脏之神，包括脾之意，肺之魄，肾之志，肝之魂，皆由心神所主管。精神决定着身体的健康，只要精神健康，则五脏六腑就能趋向于健康。如果能把心神调整好，那五脏之神皆可得到调适。

调养心神的方法有很多，最有力量的养心秘籍你有没有？

一、拥有爱心

对于大多数疾病来说，爱是一种非常好的治疗剂。爱人，尤其是从心底去爱人、宽恕人，以此来终结自己的五毒内焚，结果也能终结我们自己的疾病。爱人、爱每个生命、爱这个世界，以爱的心态来对待我们周围的花草树木，飞鸟走兽。珍惜自己的生命，同时也珍惜每个生物的生命，不害己，不害人。用纤细的爱心去感受世界的万事万物，让爱心把自己融化到万事万物当中。爱能让我们的心灵充满快乐，能让我们的身体恢复健康。当我们处于爱的状态，那是最平静、最祥和、最有利于康复的状态，此时身心全部得到放松，五毒的内灼可以被彻底地消灭于无形之中。试想，一个充满爱心的人，他会有怨恨恼怒烦吗？任何负面的情绪在与爱接触后，就如冰雪遇上了阳光，很容易就被消融了。爱可以达到比较高的精神层次，通过心神的影响来调节五脏六腑的病理状态，促进全身机体的更新换代，爱是养生之源泉。

二、保持快乐

快乐的最突出表现就是面带微笑。请你想一想，多久没有微笑了，多久没有开心地面对这个世界了。如果我们心里能装着美好的情感，在脸上表现出良好的情绪，即面带笑意，心平气和，就有可能改变生活中的许多事情。真心快乐，能滋养心神，"阴平阳秘，精神乃治",于是脏腑安定,气血和调而病痛减轻。不烦不恼,不忧不愁,不恨不怨,让快乐成为一种习惯,渗透进身体的每个器官、组织和细胞,摆脱五毒的侵袭,轻轻松松、洒洒脱脱地过好每一天。

三、充满活力

这是很重要的一种心理状态。当我们觉得压力很大时,呼吸就会变得不顺畅,这样就会慢慢把活力消耗枯竭。保持活力的方法,就是要维持身体足够的精力。由于每天的身体活动都会消耗掉我们的精力,因此我们需要适度的休息,以补充失去的精力。请问你一天睡几个小时呢?根据研究调查,大部分人一天睡6~7个小时就足够了,能够很好地补充精力。另外,要想有精力,还必须"动"起来,运动可以产生更多的精力,因为运动能使大量的氧气进入身体,使所有的器官都活动起来。唯有身体健康才能产生活力,有活力才能让我们可以应付生活中各种各样的问题。

四、拥有好奇心

如果你真心希望你的人生能不断成长,那么就得有像孩童般的好奇心。孩童最懂得欣赏"神奇"了,因为那些"神奇",能占据孩童的心灵。如果你不希望人生过得那么乏味,那就在生活中多带些好奇心。如果你有好奇心,便会发现生活中处处都有奥妙之处,就能更好地发挥潜能,便会拥有"神奇"的喜悦。

(惠淑英 王烨)

04
原来情绪真的可以影响身体状况

当人遇到一些困难或者挫折时，有些人会出现恐慌、焦虑、郁闷、烦躁等不良情绪，并且伴随着身体的各种不适。殊不知，身体的各种不适症状大都是负面情绪引发的，负面情绪积压久了，最终会从身体状况上反映出来。

情绪不是人的全部，却能左右人的全部。

情绪能致病，也能治病。

我国古代医书《黄帝内经》探讨了情绪与身体健康状况之间的内在关联，认为"人有五脏化五气，以生喜怒悲忧恐"，人的喜怒哀乐与人体五脏有着密切的关联。《黄帝内经》认为，"悲哀愁忧则心动，心动则五脏六腑皆摇""怒则气上，喜则气缓，悲则气消，恐则气下……惊则气乱……思则气结"等，都精辟地说明了情绪与人体健康密切相关，不良的情绪可以损害人的健康，导致疾病产生，甚至危及生命；良好的情绪则是预防疾病、战胜疾病的重要"法宝"。

美国的戴维·霍金斯博士是一位著名的医生，他医治了很多来自世界各地的病人。他有一个著名的能量层级理论（见表一），把心理的能量层级分为正和负两个部分（人们常说的正能量和负能量），以勇气为分割线（勇气有好有坏，为中性，所以为正负的分界点），给予它200分的分值。勇气往上是淡定、主动、宽容、明智、爱、喜悦、平和，最高的层级是开悟，能够达到700~1000分；勇气往下是骄傲、愤怒、欲望、恐惧、悲伤、冷淡、内疚，最低的层级是羞愧。他研究发现：人的意念振动频率（人们常说的磁场）分值如果在200分以上往往就不会生病（见图一）。

表一　霍金斯能量级表

生命观	水平		能量	情绪	生命状态
不可思议	开悟	↑	700~1000	不可说	妙
都一样	和平	↑	600	至喜	平等
好美呀	喜乐	↑	540	清朗	清净
我爱你	爱	↑源	500	敬爱	慈悲
有道理	理智	↑能	400	理解	知止
我错了	宽恕	↑&	350	宽恕	修身
我喜欢	主动	↑动	310	乐观	使命感
我不怕	淡定	↑力	250	信任	安全感
我能行	勇气	↑▲	200	肯定	信心
我怕谁	骄傲	↓▼	175	藐视	狂妄
我怨	愤怒	↓压	150	憎恨	抱怨
我要	欲望	↓力	125	渴望	吝啬
我怕	恐惧	↓&	100	焦虑	退缩
好可怕	悲伤	↓抗	75	失望	悲观
好无奈	冷淡	↓拒	50	绝望	自我放弃
没意思	罪恶感	↓	30	自责	自我否定
死了算	羞愧	↓	20	自闭	自我封闭

情绪情感能量层级
（十）

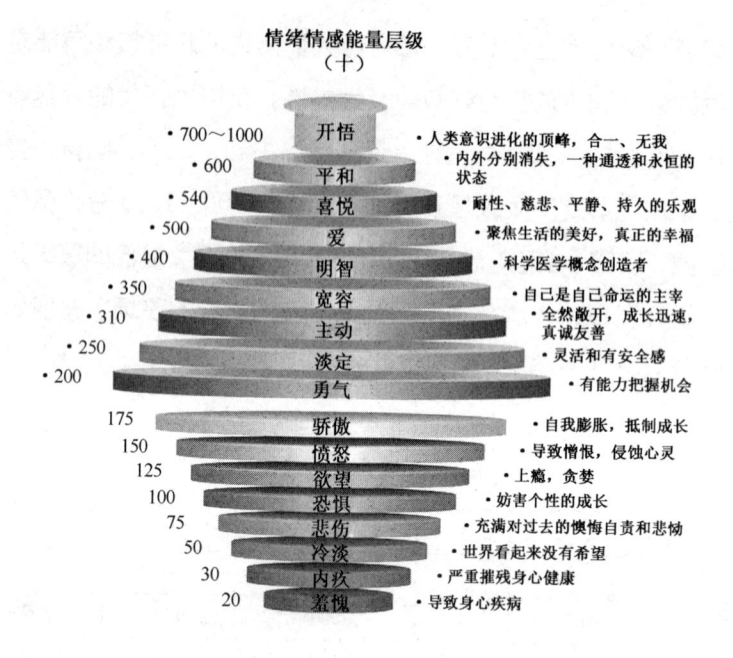

- 700~1000 开悟 · 人类意识进化的顶峰，合一、无我
- 600 平和 · 内外分别消失，一种通透和永恒的状态
- 540 喜悦 · 耐性、慈悲、平静、持久的乐观
- 500 爱 · 聚焦生活的美好，真正的幸福
- 400 明智 · 科学医学概念创造者
- 350 宽容 · 自己是自己命运的主宰
- 310 主动 · 全然敞开，成长迅速，真诚友善
- 250 淡定 · 灵活和有安全感
- 200 勇气 · 有能力把握机会
- 175 骄傲 · 自我膨胀，抵制成长
- 150 愤怒 · 导致憎恨，侵蚀心灵
- 125 欲望 · 上瘾，贪婪
- 100 恐惧 · 妨害个性的成长
- 75 悲伤 · 充满对过去的懊悔自责和悲恸
- 50 冷淡 · 世界看起来没有希望
- 30 内疚 · 严重摧残身心健康
- 20 羞愧 · 导致身心疾病

图一 情绪情感能量层级

戴维·霍金斯发现，凡是生病的人一般都有负面的意念，这些意念的振动频率分值低于200，他们往往喜欢抱怨、指责、仇恨别人，在不断指责别人过程中消减了自己很大的能量。这些人就容易得各种不同的疾病。"很多人生病是因为没有慈悲心、爱心、宽容、柔和等，只有痛苦、沮丧、焦虑、愤怒等，通常这些病人的振动频率分值低于200，容易得很多不同的疾病。"霍金斯博士说，"只要看到病人就知道这个人为什么生病，因为从病人身上找不到任何一个字和'爱'字相关，只有痛苦、怨恨、沮丧等这些情绪包附着他全身。"

戴维·霍金斯研究发现，最高的振动频率分值是1000，最低的分值是1。目前，他在全世界看到振动频率分值最高的是700，往往这些人出现的时候，能够影响一个地方的磁场。当诺贝尔和平奖得主特蕾莎出现在颁奖会上时，全场气氛相当好，互动频率很高，她的磁场让全场的人都感受到她的能量，美好和感动充满其中。当能量很高的人出现时，他们的磁场会带动万事万物变得美好祥和；而当一个人有很多负面意念的时候，伤害的不仅是他自己，也会让周围环境磁场变得不好。

霍金斯博士说他看过百万份案例，在全球调查过不同人种，答案都是一致的。振动频率分值在200以上的很少生病。200分以上的意念通常表现是：喜欢关怀别人，有慈悲心、有爱心、行善、宽容、柔和等，这些都是高的振动频率分值，能够达到400~500。相反，只要振动频率分值低于200，这个人就容易生病。200分以下的意念通常表现是：喜欢怨恨、发怒、嫉妒，动不动指责、苛求他人，凡事自私自利，只考虑自己，很少考虑他人感受，这些人振动频率分值很低，这也是导致癌症、心脏病等种种疾病的重要原因。

古今中外的医学告诉我们，情绪能量真的是不可思议，对人的健康有很大影响，身体状况往往是情绪的晴雨表。可见，多些正能量，保持积极乐观的心态，怀有一颗慈爱的心，减少焦虑和恐慌，是身心健康不可缺少的因素，可以大大提高身体免疫力。

（惠淑英　郜豪杰）

05
炎炎夏日，谨防"情绪中暑"

当进入夏季后，天气变得十分炎热，大家都会不约而同地预防中暑的发生，不仅会在家中常备一些预防中暑的药物，在进行户外活动时也会做好十足的防晒工作。那除了预防身体中暑外，大家知不知道，我们的心理也会受高温环境的影响，出现情绪烦躁、易激惹、爱发脾气、对事物缺乏兴趣等现象。这在心理学中被称为"情绪中暑"。

那么究竟什么是"情绪中暑"呢？当气温超过 35℃、日照超过 12 小时、湿度高于 80% 时，气象条件对人体下丘脑的情绪调节中枢的影响就明显增强，人容易情绪失控，易与他人发生摩擦或争执等，即情绪中暑，专业术语称为"夏季情感障碍综合征"。

我们可以通过对照"情绪中暑"的主要表现，来进行自测，看自己是否已经出现了"情绪中暑"的症状。

（1）心情烦躁。

问问自己：是不是常常因为微不足道的小事，对家人或同事发火？自己有没有觉得心烦意乱，不能静下心来思考问题，而且经常丢三落四，忘掉事情？

（2）情绪低落。

问问自己：是不是对什么事情都不感兴趣了，觉得日子过得没劲，对同事和家人缺乏热情，并且这种情况清晨稍好，下午变坏，晚上更甚？

（3）行为怪异。

问问自己：有没有重复一些动作，或者有没有被周围人发现你有怪异的行为？

当然，这些表现不会突然发生，往往需要一定时间的积累。如果出现了以上情况，也不必过于担心，只需要重视起来，自我调节，就可以预防"情绪中暑"的产生。

一、学会静心

始终保持一颗平常心。要有淡泊宁静的心境，对待人和事情心胸宽广，不生闷气；在不开心的时候，放空自己，听听自己喜欢的音乐，或者去树林中、去草地上，去看看蓝天白云、去拥抱自然。

二、学会倾诉

精神压力可能会导致持久的身心功能失调，因此，当压力大时，不要自我压抑，向家人、朋友倾诉一下自己的苦闷，可以得到对方的安慰或者指点，心胸自然就会变得豁然开朗。

三、保证睡眠

睡眠不足或睡眠质量不高，心情就会变得烦躁。经常作息颠倒或长期熬夜的人，通常情绪也不稳定，所以要尽量让自己保持有规律的作息和充足的睡眠。

四、调整饮食

夏季应尽量减少进食油腻和生冷食品，多吃新鲜水果、蔬菜等清淡的食物；避免刺激性饮品，注意多饮水，以调节体温，改善血液循环。

俗话说："心静自然凉"，预防情绪中暑，自我调节很重要，希望大家在炎炎夏日，保持幽默自信的心态，保持广泛的兴趣爱好，更要保持自己内心的一份清凉。

（杨志芳 邱思洁）

06
温暖情绪过个暖冬

当醉人的秋日还未来得及欣赏，瑟瑟的冷风就吹掉了漫山红叶，小雪节气如约而至，我们进入了湿冷、阴寒的季节。

小雪时节光照减少，万物凋敝，生机萧瑟。在这样寒冷的日子里，人脑内的 5-羟色胺系统功能减弱，有些人的情绪也容易受到闭塞阴冷的外界环境影响，出现失眠、烦躁、伤心、焦虑、易怒、悲观、厌世等一系列症状，似乎总是提不起兴致。因此小雪节气容易引发或加重抑郁情绪，也被称为季节性抑郁，即因为季节引发，而且只在固定的季节发作的抑郁（往往发生在冬天日照很短的时间和地区）。季节性抑郁严重者会由抑郁情绪转变为抑郁症，会导致情绪低落，兴致减低，悲观，思维迟缓，缺乏主动性，自责自罪，饮食、睡眠障碍，担心自己患有各种疾病，感到全身多处不适，这些症状会困扰生活和工作，给家庭和社会带来沉重的负担。

情绪容易抑郁的人，小雪节气更应注重养生，调整心态，温暖情绪，可以"吃吃""动动""晒晒""听听""聊聊"以驱散抑郁。

一、食物驱散抑郁

有研究发现，多吃富含叶酸、硒及色氨酸的食品，比如深海鱼、香蕉、葡萄柚、菠菜、樱桃、南瓜、全麦面包、各类坚果、动物内脏等，能够振奋精神，减轻焦虑和抑郁情绪，提升自信，提神醒脑的营养美食。

二、运动驱散抑郁

在小雪节气里，要保持愉悦的心态，减少蜗居时间，经常参加一些户外活动以增强体质。大量研究表明，运动，尤其是有氧运动，大脑会产生一种称为"内啡肽"的化学物质，近似于神经递质，可以调节情绪，减轻焦虑，增进食欲，改善睡眠。同时，运动还能使大脑中与抑郁症相关的化学物质由失衡转向正常，有效改善抑郁状态。

三、阳光驱散抑郁

阳光最适合治疗季节性抑郁症。许多人的症状在季节转换时有所发展，表现为冷淡消沉、无精打采、工作效率下降，这些症状在阳光的照耀下会渐渐消失。患季节性抑郁症者，应经常到户外接触阳光，因为阳光中的紫外线或多或少可以改善一个人的心情，这有助于抑郁症的治疗和康复。

四、音乐驱散抑郁

多听舒缓的音乐。音乐通过声波有规律的频率变化作用于大脑皮质，提高皮层神经的兴奋度，活跃和改善情绪状态，消除外界、精神或心理因素造成的"紧张状态"，调节激素分泌、血液循环、新陈代谢等，提高应激能力，改变人的情绪和身体功能状态。我们可以通过音乐更好地宣泄和释放自己的情绪，以改变消极的情绪，强化积极的情绪。

五、倾诉驱散抑郁

和朋友保持联系，寻求友谊和支持，向信赖的人倾诉内心的烦恼和痛苦，抛开过去，将注意力集中于当前的生活，会有助于减轻抑郁。

天冷了，加件外套，调整心态，温暖情绪，驱散抑郁，过个暖冬！

（惠淑英 谭檀）

07
养成快乐的习惯

心理学认为，快乐是人的需求得到满足，感觉良好时生理、心理上产生的一种积极的情绪反应。每个人都有过快乐的情绪体验，但每个人感受快乐情绪的能力是不一样的。有的人需要外界的刺激，才能激发他对快乐情绪的体验；有的人，内心就具有体验快乐情绪的能力，能够随时感受到由内而外的愉悦。

持续的紧张任务，单调的重复工作，工作效能感低下，会消耗心理资源，让身心处于疲惫状态，影响我们对快乐情绪的体验。为此，我们需要进行自我调节，养成快乐的习惯，提高体验快乐的能力，快乐地工作，幸福地生活！

一、积极地自我调控

当生活和工作使你难以体验到快乐，沉浸在抑郁的迷雾中，感到身心俱疲时，要积极地认知自我，开展有效的情绪管理，实施必要的行为调控，成为自身行为的主人，尽量与周围的环境保持积极的平衡。我们要认清自我价值，学会观察并调控自己的情绪变化，能够正确地认识自己的身心状态，善于发现身边细微的感动，体验细小的快乐，把心门打开，让阳光照进去，驱散内心的阴霾，积极、愉快、主动地迎接生活的挑战，重获快乐。

二、积极地自我激励

当人在心情暗淡时，积极地自我激励能起到去除心中的阴霾、破除阻碍、积极前行的作用。当面对孤独的、寂寞的、缺乏成就感的工作环境时，可以用言语反复激励自己："工作着就是快乐的""与其痛苦地工作，不如快乐地工作"，坚信"苦乐全在主观的心，不在客观的事""因为我觉得快乐，所以我快乐"。用这种积极的语言反复激励自己，慢慢地就不会觉得工作枯燥无味了。

三、积极地自我适应

面对周而复始的单调生活，要能够积极地自我适应，设法让自己的生活张弛有度、丰富多彩，即使是单调的活动，也要设法使其变得有趣。多培养几种兴趣，在业余时间学习一两项技能，不仅能打发时间，减少无聊感和空虚感，更能够使人获得积极快乐的情绪体验。工作中尽可能避免产生应付心理，使自己始终保持积极的竞技状态，情绪饱满、精神振奋地投入其中。建立良好的人际关系，在与人交往中体验快乐，避免无聊感、空虚感的产生。

我心飞翔
◆◆◆ WO XIN FEI XIANG

生活是一面镜子，你对它笑，它就对你笑；你对它哭，它就对你哭。用欣喜的心情看，世界风和日丽；用悲凉的眼睛看，世界可能只剩下愁云惨雾。如果你每天都能带着微笑，抱着感恩的心态去生活，那么你的生活里就充满阳光，你就是快乐的。

人生活不仅靠身体，更靠心。一个人的生活快乐不快乐，喜悦不喜悦，关键在于你的心，如果你的心是快乐的，那么，你在哪里都是快乐的；如果你的心是喜悦的，那么，你做什么都是喜悦的。有时候，决定我们心情的，不是别人，而是我们自己。

有时候换一种心情，你会快乐一些。老人们常说，房屋不必太宽，心要宽。心是一块田，靠自己去播种，如果你有一颗宽容的心，有一颗善良的心，有一颗充满生机的心，你在心里就播撒下了快乐的种子，那么长出来的一定是笑容；如果你能快乐地度过每一天，使你的生命像田野里的树一样自然、健康，像田野里的花朵一样芳香、饱满，那么，整个自然界都会来祝贺你，甚至，命运都会来祝贺你。

（惠淑英 任莉）

08
微笑的力量

微笑，是人类独特的表情，似蓓蕾初绽，洋溢着沁人心脾的芳香。

在顺境中，微笑是对成功的嘉奖；在逆境中，微笑是对创伤的理疗。微笑像一缕自由舒放如梦似幻的彩云，它包含着丰富的内涵，是一种激发想象、启迪智慧的思想魔力，是一种爱生命、爱生活、爱万物、爱自己的真挚情感，是一种含有宽容、激励、安慰、自信的心灵良药！你的微笑就是传递你好意的光彩，它能照亮所有看到它的人。

对那些整天都愁眉苦脸、心事重重的人来说，你的笑容就像穿越乌云的阳光，温暖抚慰着他们的心灵。

威尔科克斯说：当生活像一首歌那样轻快流畅时，笑颜常开乃易事；而在一切事都山重水复疑无路时仍能微笑的人，才活得有价值。

20 世纪初，希尔顿把父亲留给他的 12000 美元加上自己的几千美元积蓄一并拿出来经营旅馆业，很快，他就奇迹般地挣到了几千万美元。当他欣喜地把这一消息告诉母亲时，却没有得到母亲的赞扬，只是淡淡地表示了一下祝贺，并告诫他："事实上，你必须把握比这些钱更有价值的东西，那就是你要想出一种简单、易行、不花本钱而又行之久远的办法去吸引顾客，使来过的人还想再来，没来过的人慕名而来。这样你的旅馆才有前途。"

母亲的这一番话竟弄得希尔顿丈二和尚摸不着头脑。究竟什么是简单、易行、不花本钱而又行之久远的办法呢？他百思不得其解，于是他开始逛商场、串旅店，亲身感受这种神秘的办法。

有一次，希尔顿在一家大百货公司看到专门为顾客设置的投诉台后站着一位姑娘，前来抱怨的女士排着长长的队伍，争着向投诉台后的那位年轻女郎诉说她们遭遇的各种不公平待遇，或指责这家公司不尽如人意的地方。有的女士十分霸道，蛮不讲理，甚至满嘴脏话，但投诉台后的那位年轻漂亮的小姐始终满脸微笑，不愠不怒，表现得极为优雅而镇静。希尔顿感到很好奇，这么年轻的小姐居然有这么好的涵养！经过仔细观察，原来站在投诉台后的姑娘是个聋哑人，她听不见别人说的话，只管一再地微笑，而台后有专门记录和解决顾客问题的人。这让希尔顿恍然大悟：原来母亲所说的简单、易行、不花本钱而又行之久远的办法，就是"微笑服务"。

希尔顿正是运用了这一独特的经营策略，使他在 20 世纪 30 年代美国经济大萧条中闯过了难关，并在经济复苏伊始就率先跨入了旅馆经营的黄金时代。他经常告诫员工："无论旅馆和个人遭受的境遇如何，都不能把我们心里的愁云布在脸上。要让顾客时刻感受到希尔顿员工脸上灿烂的阳光。"

因此，希尔顿拥有了世界级的"皇帝""皇后"两家大饭店，他当之无愧地被称为"旅馆大王"。

当然,这只是网络上流传的一个故事,它的真实性我们无从考证。但是,我们从这个故事中发现,对人微笑是一种为人处世的法宝,因为微笑既能带给别人快乐,也能带给自己快乐。彼此相遇,送去一丝微笑,会让气氛变得融洽。别人成功,送去甜甜的微笑,是对人家的认同;别人失败,献上鼓励的微笑,会给他产生克服困难的动力。

微笑,是温馨的港湾,它可以让漂泊的心灵停靠;微笑,是温暖的春风,它可以让僵冷的心扉打开,使人们感到鼓舞、欢愉和情趣盎然。

时光流逝,岁月更迭,老的是我们的容颜,不老的是我们的心态;老的是我们的体态,不老的却是那一抹深情的微笑。

微笑是一种境界、一种胸怀、一种潇洒,是一种积极向上的乐观态度,一种处变不惊的人生理念,一种真诚与豁达,一种直面人生的成熟与智慧。微笑是心底的一股灵泉,它使我们的内心丰盈而深情,也是吹拂在脸庞的一缕清风,使我们神清气爽。

最美好的事,是看到某人的微笑;而更美好的事,是他因你而微笑。

(惠淑英 陈宏蔚)

09
愿你心里有花开，脸上有笑容

　　人生之路，不可能都是一帆风顺，或遇到困难，或遇到挫折，或遇到变故，或遇到不顺心的人和事，这些都是成长中的正常现象。然而，有的人遇到这些现象时，或心烦意乱，或痛苦不堪，或萎靡消沉，或悲观失望，甚至失去面对生活的勇气。不可否认，当这些现象出现时，会影响人的思维判断，会刺激人的言行举止，会打击人面对生活的勇气。比如，当你在工作中受到了领导的批评后，你会情绪低落；当你在生活中遇到别人的误会时，你会感到气愤和委屈；当你失去亲人朋友时，你会悲痛至极；当你在仕途中遇到不顺时，你会怨天尤人，消极工作。所有这些表现都很正常，但这些表现不能过犹不及，否则你会活得很累，活得很不开心，活得很不幸福。

　　人在生活中，要学会用阳光的心态面对生活。所谓阳光的心态，就是一种积极、向上、宽容、开朗的健康心理状态，它会让你开心，催你前进，让你忘掉劳累和忧虑。

　　当你遇到困难时，阳光的心态会给你克服困难的勇气，会让你相信"方法总比困难多"，让你去检验"世上无难事，只要肯登攀"

的道理。

当你遇到不顺时，阳光的心态会让你的头脑更加理性，不是悲观失望，而是反思自己的做事方法、做人原则，让你有则改之，无则加勉，更上一层楼。

当你遇到委屈时，阳光的心态会给你安慰，给你容人之度，让你的心胸像大海一样宽阔，志向像天空一样高远。

当你遇到变故时，阳光的心态会让你化悲痛为力量，让你感受到自然规律不可违，顺其自然则是福之真谛。

当你面临选择时，阳光的心态会让你的眼光更加深邃，洞察社会的能力更加敏锐，对待生活的态度更加自然，面对人生的道路更加自信。

当你感到茫然时，阳光的心态会让你在心里燃起一个太阳，照亮自己，照亮一方，造福一方，释放出强劲的光芒。

你的心态决定了你的世界。心是晴的，所见都是阳光；心是善的，所遇都是好人；心是美的，所听都是乐声。你是笑着的，世界就洋溢着微笑；你是乐观的，世界就充满着希望；你明媚，你的世界就明媚。所以让阳光照进心窗，让自己的世界变得阳光明媚起来。

只要我们眼中有景，心中有爱，生命里有情，希望中有梦，光阴就不寂寞，岁月就不苍白，日子就不孤单，路途就不遥远。

只要我们不让往事侵占自己今天的心胸，不让惆怅淋湿现在的心情，不让虚妄扰乱此时的心绪，就能心无旁骛，就能耐得住寂寞，

我心飞翔
◆◆◆ WO XIN FEI XIANG

就能向着心中的目标一往无前。

只要我们将一个又一个脚印镌刻成坚实的步履，将一滴又一滴汗水汇成生活的甜蜜，就能将一声又一声苦累的呻吟转化成加油助威的呐喊，将一缕又一缕阳光酝酿成未来看得见的希望。

只要我们一直踮起脚尖，使自己更多一点接近阳光，时刻不懈怠，就能使自己更快一些到达心灵的远方，就能使自己更早一天完成人生的使命。

凡是过往，皆为序章。朋友，愿你心里有花开，脸上有笑容，愿新的路程独特而不孤寂，新的故事平凡而不俗套，新的开始寻常而不世故，新的图画淡雅而不失色。

（惠淑英 莫欣谓）

10
心中有爱，每天都是微笑日

脸上的微笑是内心深处爱的绽放，只要心中有爱，每天都是微笑日。

《论语·为政》里有一段文字，子夏问孝。孔子答曰："色难。有事，弟子服其劳；有酒食，先生馔，曾是以为孝乎？"所谓色难，意思就是始终维持一个良好的态度是一件很难做到的事情。人们往往都是这样，乍见之欢容易，久处不厌才难。常常有人在面对亲近的人、熟悉的人时，很吝啬笑脸，认为自己在外面奔波了一天，身心疲惫，一回到家就没有心情笑脸以对了，家人也可以理解自己，所以笑不笑都没关系。这种观念极其错误。我们对家人、对朋友、对自己，更需要以爱滋润，因为那是终生相互扶持前进的最亲密的人。只有以感恩、责任、钟爱的心态去面对，才会不自觉地露出笑脸，即使再累也要给家人一个轻松愉悦的生活环境，给自己一个充满肯定的微笑。

我们常说"笑一笑，十年少"，轻轻将嘴角上扬，脸上泛起淡淡的微笑，这一个小小的动作，会像春天的樱花在大地上纷纷绽放，会像山间的小溪在愉快地流淌，会像升起的朝阳照亮你整个心房。

研究表明，身体动作可以影响大脑的感知，例如我们嘴角上扬，做出微笑的动作，会不自觉地让我们高兴起来。同样，好的心情也会反过来成为我们做事的动力。

此外，微笑的益处还有很多：心烦意乱时，一个鼓励的微笑，会使你心平气和地走出颓废的低谷；发生矛盾时，彼此一笑，就能化干戈为玉帛；与陌生人同行，一个真诚的微笑，就会消泯拘束；临别时，一份恋恋不舍的微笑，就蕴含了美好的祝愿与长久的牵挂。微笑，是人类最美的语言。

那么在繁忙的生活中如何保持微笑呢？这其实就是培育爱的过程。我们可以通过积极自我暗示、真心赞美、及时宣泄和心怀感恩等方式，让自己心中有爱，脸上有笑，眼里有光。

一、积极自我暗示

"每一天，我们都会以各种方式，让自己过得越来越好"，被称为"自我暗示之父"的爱米尔·库埃曾用这句充满了魔力的暗示之语帮助无数病人摆脱了病魔的困扰。同样，微笑也需要时常自我提醒和暗示，这样我们可以获得更多好心情。每天早上起床的时候，我们可以给自己一个愉快的暗示，这样就可以在美好的早上拥有一个美好的心情，而且这种心情会伴随我们一整天。工作累了、生活压力大了、家庭有矛盾了，以及心情低落时，不忘提醒自己，多想想幸福的事情，笑一笑，或许就会迎来柳暗花明。

二、学会赞美别人

看到一个人微笑地对着你，你常常会不由自主地回馈一个微笑，这就是微笑的一个显著的特征—感染力。同样，生活中与人相处，你若对别人多一些真诚的赞美，那么收到的往往也是正面的回馈。有一段时间，我在与同学的日常聊天中经常会用到一句话："你虽然长得丑，但你想得美啊！"虽然是只一句玩笑话，但收到的回馈肯定是类似的戏谑之语。直到有一次，师姐跟我说了一句话："长得已经很美了，还想得这么美！"同样表达的是否定和拒绝，却在其中注入了赞美的元素，让人更容易愉悦地接受，自然也会得到更积极的回应。人类本质中殷切的要求是渴望被肯定，因此，不吝啬对别人的赞美，你将收获更多的积极互动和美丽心情。

三、宣泄负面情绪

当我们有不良情绪的时候，最好能够快速地释放出来，而不是憋在心里，长期郁郁寡欢。眼泪可以排毒，其本身，就是身体给我们处理情绪问题最有利的武器，大哭一场可以帮助机体直接排除"精神毒素"。尽情诉诸日记，用日记还原事件的来龙去脉，可以更理性地总结处理问题的经验教训，既可以疏解情绪，又可以提升自己。来点阿Q精神，负面情绪你越排斥，它越纠缠，用自嘲自黑的方法对付它，往往可以取得"精神胜利"，使之瞬间烟消云散。通过旅游疗伤，登上高山、放眼大海、走进森林，大自然的奇山秀水，经常能震撼心灵、化解悲痛，同样也是良好情绪的诱导剂。负面情绪宣泄一空，心灵就会更多地被宁静喜乐所占据，自然笑口常开。

四、常怀感恩之心

没有阳光，就没有晴空万里；没有雨露，便不会有五谷丰登；没有水源，就不会有生命繁衍；没有父母，就不会有自我存在；没有亲朋师长，就感受不到人间真情。感恩，让我们更懂得，以知足的心态去珍惜拥有；感恩，让我们在平淡麻木的日子里，发现生活本是如此丰厚而富有；感恩，让我们领悟和品味命运馈赠于人生的价值；感恩，让我们的心灵时常感受到爱的存在，让生活变得丰富多彩。就像一首歌里唱的："阳光把心窗轻轻推开，春风歌唱着崭新时代，灿烂写满了所有笑脸……我们高兴，我们愉快，我们笑口常开……"

生活美好，未来可期，请不要吝啬你的微笑，因为，你笑起来真的很好看。

（马永强　牟思儒）

11
笑对人生，学习不生气的智慧

人的一生中，难免会为大事小事置气。当我们受人指责时，我们会生气；当我们工作出错时，我们会生气；此外还会为出行、为天气、为受到不公平的对待而生出怒气、闲气、赌气、怨气、窝囊气，好似有一辈子生不完的气。但是生气过后，问题就解决了吗？

有一位古代军事领袖名叫皮索恩，他很受人爱戴。有一回，一名侦查士兵外出归来，皮索恩询问这名士兵同他一起外出的另一名士兵在哪里，怎么没有回来。这名士兵含糊半天说不清楚另一名士兵的下落。皮索恩因此震怒，当即决定下令处死这名士兵。就在临刑前，失踪的那名士兵竟然回到了军营。这本来是件皆大欢喜的事情，但这位德高望重的领袖却认为这件事令他丢了面子，羞愤使其更加愤怒，最后他竟然下令处死了这两名士兵。

在这位受人爱戴的军事领袖身上，我们看到了愤怒压倒理智的不良后果。灵魂正是因理智而高贵，愤怒是由他人的过错来惩罚自己。大文豪托尔斯泰曾说过："愤怒对别人有害，但愤怒时受害最深者乃是本人。"情绪化是一个人不够成熟的表现，因为在愤怒之下，很容易做出难以挽回的事情。我们要以积极乐观的态度来控制情绪，避免被愤怒等不良情绪控制头脑。当然克制的同时更要注重疏通。

我心飞翔
◆◆◆ WO XIN FEI XIANG

很多人认为，发脾气是最好的发泄方式，觉得事情憋在心里，会憋出病来，如果宣泄出去了，就放松了心情，也平稳了情绪。其实这种说法是不正确的。某人的愤怒在一定条件下得到了释放，必定会有其他人被这种不良的情绪影响。如果世界上人人都选择用发脾气来泄愤，那这个世界恐怕再难有宁日。

一位公司老板因为早上赶时间上班而闯了红灯，被交警递了罚单。到公司后，老板迁怒于秘书。秘书在公司兢兢业业干了三年，被老板骂过后感到委屈，又不敢在公司发怒。回到家后，看到8岁的儿子在家里看电视，没写作业，秘书把儿子骂了一顿，还禁止儿子看电视三个星期。儿子感到莫名其妙，回到卧室，恰巧小猫走过来，狠狠地踢了猫一脚，并骂道："滚出去，你这该死的臭猫！"

从这个故事我们能看到，本是一人的愤怒，传递了一圈之后，竟然撒到了小猫的身上。小猫又何罪之有？面对愤怒，还是要尽量控制，自我疏导，而不是直接发泄出去。但是，"控制"并不是让怒气憋在心里，不为自己去抗争，而是要巧妙地化解怒气，大事化小，小事化了。

我们常常羡慕修行者有一颗平静的内心，不为世俗所扰，却不知修行者修的第一件事就是要学会"忍"。学会控制情绪，才会平和地对待世间纷扰，才能做到百忍不怒。有研究表明，控制情绪能力的强弱和员工的能力业绩成正比，且心理特征对胜任某一岗位起到了决定性作用。大多数工作对员工的一项基本要求就是会控制情绪，尤其在管理、服务等行业尤甚。学会控制情绪，保持良好的人际关系，是成功人士必不可少的自我修养。

有些人发怒后会感到肋痛或两肋下发闷，西医认为常发怒的人易患高血压、冠心病、胃溃疡等，《三国演义》中的周瑜就是因为生气最后吐血而亡。因此在情绪被较强刺激时，要先行"缓兵之计"，先深呼一口气，让自己冷静下来，迅速分析愤怒的原因，再想解决的办法，切不可因鲁莽冲动而使自己陷入被动。

每个人都会存在情绪的波动，生活本就不是一帆风顺的。心理成熟的人，不是没有消极的情绪，而是懂得如何控制和调节自己的情绪。鲁莽冲动是人类一种低端情绪的表达，也是最具破坏性的情绪。在这里列举一些积极有效的方法来帮助我们学会控制情绪，避免因冲动而做出后悔的事情。

一、控制情绪，冷静下来

在遇到强烈刺激时，首先运用理智迫使自己冷静下来，厘清事情的来龙去脉，再选择表达情绪还是消除冲动，避免因简单轻率而陷入被动。比如有人当面嘲笑挖苦你，让你颜面扫地，如果你立时暴怒，反唇相讥，则有可能两人相持不下。但如果你此时冷静下来，运用理智的对策，比如以沉默为盾，或简明正面表达自己所受到的伤害，指责对方无聊，对方反而会尴尬。

二、积极暗示，转移注意

一个人愤怒，大抵是因为触其利益或损其尊严，很难做到立时冷静下来。当你觉察到自己的情绪难以控制，异常激动时，可以采取积极暗示、转移注意的方法，积极应对冲动，找对方法进行自我放松。在言语上可以暗示自己"忍一时风平浪静,退一步海阔天空",或者找一个安静平和的环境听一听轻松柔缓的音乐,这些都是有效的方法。人的情绪往往只需短暂的几秒钟或几分钟即可平静下来,但如果不及时转移不良情绪,越积越久,则会更难控制。生理学研究表明不良情绪如果不及时转移,会在大脑中形成神经系统的暂时性联系,成为一个优势中心,会越想越顽固,日益严重。但是如果立即转移,想高兴的事,把快乐的信息传送给大脑,则会形成愉快的兴奋中心,就会有效地抵御、避免不良情绪。

三、冷静过后,思考对策

在情绪发生后,不要选择逃避,厘清事情的前因后果,积极寻找解决的对策,透过现象看本质,从根源上正确有效地处理问题,化解矛盾才是上上之举。通过训练来控制冲动,养成一种习惯,遇事时首先分析行动可能带来的后果,其次考虑清楚能否使利益最大化再行动。多进行自我心理调适,用平和可靠的方式,安抚自己的情绪。在愤怒时,安抚自己的内心远比找人发泄情绪更加明智。

不生气难,但是不代表没有解决的方法。不要拿别人的错误来惩罚自己,别跟自己过不去,别将侮辱放在心上。在人生低谷时奋起,在痛苦难熬时忍耐,在愤怒嫉妒时冷静,在忍辱负重时宽容。人生不如意事十有八九,我们要学会用平常心对待,常怀一颗感恩的心,这样我们就能远离生气,保持积极乐观的心态笑对人生。毕竟弥勒佛的"大肚"是笑出来的,不是气出来的。

(司斯 顾嘉鑫)

12
构筑心灵小屋，感受安宁平和

当生活中遭遇失败、挫折或烦恼时，你是否想要寻找一处静默而温暖的地方，远离纷繁复杂的尘世？虽然没有家人的守护、朋友的陪伴、同事的问候，但可以在独处中净化心灵，享受完全的放松，将一生的浮华都遣散。这个地方就是"心灵小屋"，安置于我们的灵魂深处，即使风风雨雨，也能静默相守，等待心灵的归期。

让我们来尝试着构筑一间心灵小屋。

首先要找一个尽量安静、舒适的空间，进行 10～15 分钟的放松训练。请坐在舒适的椅子上，两脚分开，与肩同宽，两脚平行，双手放在膝盖之上，双肩自然下垂，微微闭上双目，颈要直，头要正，让身体逐步放松。然后，慢慢地吸气，慢慢地吐气，将呼吸调匀，深吸慢呼，越慢越好。要专注于呼吸吐纳之中，不要管来自脑海之中的杂念，也不必去排除它，只需不断地将注意力集中在呼吸上，让呼吸的感觉充实你的意识。如此反复几次，进入到极度的放松状态。

现在，请闭上双眼，在你的内心世界里找一找，有没有一个让你喜欢的地方，让你感到非常舒适和惬意。它应该在你的想象世界里，也许它就在你的附近，也许离你很远。或乡间，或海滨，或森林，或沙漠，或草原，总之是你最喜欢的环境。

接着，在这个地方用你喜欢的材料构筑一间小屋，高脚楼、小木屋、小洋房皆可。建好以后，请你踏上阶梯，进入自己的房间。墙面的颜色是你最喜欢的色调。屋子的装饰朴素简单，干净整洁，一切都井井有条。简单、明亮、安静是它的基调。请环顾左右，如果你还是不能感到非常舒服和惬意的话，这个地方还应该做哪些调整？只有当温度、色彩、气味、声响等完全满足你的喜好时，你才能感到完全放松、绝对安全，这一点很重要。

构筑心灵小屋的关键是，这个地方只有你一个人可以进入，任何事情也不能打扰到你。当然，如果你因此产生强烈的孤独感的话，也可以找一些有用的、友好的物件或小动物带着。但不能是人，亲人朋友也不行，因为只要涉及人与人之间的关系，就有可能产生压力感，而心灵小屋是不应该有任何压力存在的，只有美好的、保护性的、充满爱意的东西存在。

现在，心灵小屋已经构筑完毕，你可以尽情享受安宁平和了。请你坐在舒适的椅子上，或者躺在柔软的床上，保持身体完全放松、心态平和，用心灵去感应，你总会发现有那么一束光，宁静、柔和而温暖，照亮了人生的方向。如果在想象时，内心加上积极自我暗示，诸如"我全身非常地放松、非常地舒适""我的每一块肌肉、每一根神经都放松了""我很享受这样的状态""这让我心情非常地舒畅愉快""紧张正从我体内释放出来，我和我的生活相协调，我的心境很平和"，等等，效果会更佳。

最后，请你尽量仔细地体会，你的身体在心灵小屋里都有哪些感受？你看见了什么？听见了什么？闻见了什么？你的皮肤感觉到了什么？你的肌肉有什么感觉？呼吸怎么样？腹部感觉怎么样？如果在你的小屋里感受到非常舒适，就请你设计一个特殊的动作。以后，当你烦躁或者劳累时，只要一做出这个动作，它就能帮你在想象中迅速回到心灵小屋，自在地歇息片刻。请你带着这个动作，全身心地体会一下，在这间心灵小屋的感受多么美好！而当你撤掉这个动作时，你就能回到现实世界，重新变得精神焕发，以更好的状态面对生活。

（史佳念　赵胜豪　刘小琪）

13 几个小妙招助力缓解心理压力

每天超负荷地工作，快节奏的生活，难免会产生压力，并会出现一些焦虑、紧张等"小情绪"。

面对这些"小情绪"，我们只有学会释放压力，才能保持健康的心理状态。这就好比热气球上绑了沙袋，只有将它抛下才能飞得更高。那么，我们该如何正确面对压力，积极自我调适呢？下面就给大家介绍几个心理减压的小妙招。

一、意象松弛法

借助嗅觉、听觉、视觉、触觉等任何感觉器官，用意象进行一场感觉之旅。找个令自己舒适的地方，闭眼想象自己正坐在海滩上，阳光温暖地照在脸上，海浪轻轻拍打着沙滩，身体坐在软绵绵的沙滩上，慢慢放松你紧张的神经，舒缓焦躁的情绪。

二、清晨呼吸法

早上一起来，就尝试用清晨呼吸法，来舒缓僵硬的肌肉，有助于舒缓一整天的紧张。

首先你可以用站着的姿势，腰部向前弯，膝盖稍微弯曲，手臂自然下垂靠近地面；其次慢慢地、深深地吸气，同时慢慢起身回到站立位，接着抬起头，在这种站立位屏住呼吸几秒钟；最后当你回到原来的姿势时，慢慢将气呼出。当然，瑜伽和冥想也是不错的放松选择，大家可以选择自己喜欢的方法，释放自己的情绪压力。

三、音乐放松法

旋律优美、曲调悠扬的音乐可以让人身心放松，产生愉悦的感觉，是有效缓解情绪、减小压力的帮手。当你感到压力特别大已经开始影响自己的情绪时，可以尝试用音乐来放松自己。沉浸在音乐的世界中，使身体和精神达到深度放松，从而达到释放压力的目的。

四、适当倾诉法

假如紧张的学习或者遇到的困难让你寝食难安，那么说明你已经有很大的心理压力了，千万不要闷在心里，可以抽时间把你的苦恼讲给你信任的人听。也许你讲过以后，事情的结果并没有得到改善，但你通过倾诉获得了支持、理解和指导，这样当你再面对压力的时候，心态就会有很大的不同了。

五、合理宣泄法

当我们内心感到紧张和焦虑时，其实是我们的负能量占据了上风，此时可以做做自己喜欢的运动，比如篮球和跑步，这样在消化负能量的同时还能得到内啡肽与多巴胺两名快乐大将的加持。此外，大哭一场也不失为一个好选择，哭泣也能够有效帮助我们宣泄自身压抑的负面情绪。

（许冰 李清欢）

14
学会倾诉，释放被压抑的情绪

人们常说："生活是一面镜子，你笑，它也笑；你哭，它也哭。"然而，一个木然、内心幽闭的人，他会对生活不哭也不笑。现实生活中，我们遇到事情时，总是感觉过一阵就好了，特别是深埋内心的事。然而渐渐地我们发现，时间并不是最好的良药。其实，当我们内心遇到困惑时，我们应该勇敢直面，避免毫无头绪地摸索。内心承载的东西，就像气球一样，无论色彩多艳丽，装的东西多了，若无处倾诉，一旦超出弹性调节范围，终究避免不了悲剧的发生。

这个世界上有好多事情可以表达，面对心事，很多人倾向于沉默，其实每个人都是需要适时倾倒内心的情绪和诉说心声的。诉说者滔滔不绝，倾听者只需专注地听，不打断、不评说，以彼此的信任换取难得的畅所欲言。

人是情绪化动物，情绪不能只积累不释放，而情绪释放的绝佳方式无外乎倾诉。在痛苦的时候，人需要找到一位信得过的朋友陪伴和倾听。霍桑效应告诉我们，人在一生中会产生数不清的意愿和情绪，但最终能实现或满足的却为数不多。对那些未能实现的意愿和未能满足的情绪，切莫压制下去，而要千方百计地让它宣泄出来，这对人的身心和工作效率都非常有利。当一个人的心里有了烦恼和痛苦，产生了不良情绪，会产生与人交流、被人理解、被人关注的心理需要。这种倾诉的渴望，是我们释放压抑情绪的有利时机，如果能够及时满足这种渴望，人就会感觉轻松和快乐。

人需要倾诉，更要学会倾诉。并非任何人都可以作为你倾诉的对象，也不是任何场合都适合进行倾诉的。在适当的场合向适当的人倾诉，才会达到倾诉的效果和目的。在夫妻间，倾诉就是牵心的飞虹、翩翩的信使；在朋友中，倾诉就是倾心的聆听、善意的规劝……

初为父母时，我们因在倾诉中体味到长辈的不易而感慨良多；壮志暮年时，我们因在倾诉中找回年轻时的身影而奋蹄扬鞭；摘取成功的桂冠时，我们因倾诉成功之路的艰辛而收获喜悦荣耀；坎坷不如意时，我们因倾诉遇挫的气馁而坦然地立志再起；疲惫时，在倾诉中放松身心；迷茫时，在倾诉后幡然醒悟……学会倾诉，关键是引导和疏通各种情绪造成的郁积。不要暗自伤神、怨天尤人，而是要在倾诉中释放内心的痛苦，尽情释放被压抑的情绪后获得一种莫大的积极向上的快感。

我们生活的世界是一个巨大的乐场，心声好比乐谱，而倾诉是演奏的过程。一路走来，父母的温柔鼓励、老师的谆谆教诲、爱人的呢喃细语、孩子的快乐成长，我们不断地诉说着。

当我们开始体验和表达自己的情感时，并没有意识到，自己其实已经停下了徒劳的挣扎，开始随着波浪起伏，时而上升，时而下沉。在不断地释放情绪的过程中，我们不会就此沉沦，相反，在这种持续表达自己心声的过程中，我们获得了认知，这份认知指引我们远离痛苦和恐惧，迈向成熟。

　　学会倾诉，释放情绪，最难的是迈出第一步。就像人在跳板上，最痛苦的不是跳下的那一刻，而是在跳下之前，心里的挣扎、犹豫和无助，无法向别人诉说。请不要压抑天性，说出自己的心声，无论是多强烈、多复杂、多自相矛盾，不要压抑、不要评析，勇敢地说出来，随着情感的波涛起伏，开始一段新奇的旅程。

（赵亚飞　魏一凡）

15
应对疲倦，打开正确的休息模式

当我们感到疲倦时，觉得好好睡一觉就能缓解，但有时候睡醒之后，却依然疲惫不堪，大脑浑浑噩噩。那是因为很多人没有意识到，睡眠和休息完全是两码事。只有运用正确的休息模式，才能有效缓解我们的疲劳。

应对疲倦，有七种对应的休息模式：身体休息、心智休息、情绪休息、感官休息、社交休息、创造性休息、灵魂休息。只有对症下药，按照正确的模式休息，才能获得真正的缓解。

一、身体休息

何谓身体休息？很多人理解的身体休息，就是睡觉。其实身体休息，有被动和主动两种类型。睡觉和打盹，是最常见的被动休息，可以帮助我们迅速恢复精力，并保持健康。当你过度劳累或睡眠不足时，会面临身心伤害，比如思考力下降、警觉力与判断力削弱、免疫功能失调，并增加抑郁、肥胖、衰老加剧、血压升高、糖尿病等风险。充足的睡眠，能有效保障身体健康。但如果你有以下表现，那么在被动休息之外，还需要一些主动休息，比如，常常感到身体出现各种酸痛；一天结束后，明明感到筋疲力尽，却无法顺利入眠；经常生病，且免疫系统较弱；依靠酒精和药物来释放压力；情绪容易暴躁，总是动不动就发火……这时，就需要你花时间静下来，做一些积极的主动休息，包括伸展运动、散步、慢跑、渐进式肌肉放松、热水浴和按摩等。

身体休息，取决于所承受的压力，有些压力是睡眠无法消解的，需要额外的主动休息，去消减这部分的慢性疲劳。

二、心智休息

你有没有觉得真正的休息，似乎遥不可及，就算终于有时间休息了，你的思绪也不会停止运转；就算你已经躺在床上了，你的大脑依然在不停思考。如果你已经很疲惫了，还是无法放下让你忧心的事，或许你正陷入心智疲劳。就像我们的身体过度劳累时的怠倦一样，如果大脑参与了过多的思考、推理和记忆活动，或承载了极高的精神压力时，就会陷入心智疲劳，最常见的症状包括精神障碍、缺乏动力、易怒、暴饮暴食、食欲不振或失眠。心智疲劳如果不加以控制，可能会导致严重的健康问题，包括焦虑抑郁，甚至神经质。研究表明，持续的心智疲劳，也会影响人的身体耐力。

那么，究竟是什么导致了心智疲劳呢？

决策：不断地决策，会让人的大脑里，始终充满着选项列表，又被称为"决策水蛭"。这些待定的选项，就像吸血的水蛭一样，吸食你的关注和精力。

杂乱：杂乱会触发皮质醇（或压力荷尔蒙）的产生，你的物理空间或思维空间越杂乱，你的压力就越大。长时间的压力，会导致心智疲劳。处于信息爆炸的网络时代，大脑每天都会接收过量的信息，自然也就加重了心智疲劳。

过度承诺：明明没有那么多精力，却过度承诺了过多的任务，这会消耗脑力，造成持续的认知负荷，从而在还没有开始工作时就陷入了怠倦，进一步加剧心智疲劳。

回避与拖延：因为压力而回避和拖延工作，比全神贯注处理工作，更加消耗脑力和精力。因为回避会增加精神焦虑和自责，从而不断消耗人的精神能量。

完美主义：就像任何极端一样，完美主义是一把双刃剑，如果你不注意，它很容易变成一种自我破坏的习惯。完美主义追求最佳决策，很有可能陷入过度担心，并因为决策困难，陷入恶性循环。

为了战胜心智疲劳，确保获得足够的心智休息，就需要我们保持生活尽可能地井井有条，井然有序。同时，制订合理的决策，确保大脑分批处理任务，集中处理工作，而不是时刻处于运转状态。

减少自我攻击、自我批评、自我破坏和精神内耗，是确保心智获得休息的重中之重。

如果你的内心住着一个始终不满意的人格，你就永远无法休息片刻。

三、情绪休息

你有没有常常觉得自己情绪失控，为很小的事歇斯底里？如果你经常出现负面情绪，做事很容易分心，经常因为小事感到失望和生气，情绪过山车或者情绪麻木，那么，你很可能在不断的情绪消耗中，陷入情绪衰竭。

我们每个人都有管理情绪的内在能力。当我们向刚刚失去丈夫的朋友表示同情或安慰在怀里哭泣的孩子时，都倾注了情绪能量。每一次的积极互动都在奉献自己，当过度奉献自己的情绪，超过了情绪补给时，就会感到情绪疲劳。由于我们经常忘记监督自己的情绪，也没有关注自己在哪里消耗了情感能量，因此导致经常在情绪完全耗尽后，才会意识到自己情绪化的问题。

为了缓解情绪疲劳，获得真正的情绪休息，应该怎么做呢？

首先，建立情绪意识。情绪意识是识别情绪流失和情绪恢复的关键。比如，当你和某些负能量过重的朋友在一起时，很快就会感到疲惫不堪或烦躁不安，这就是身体在提醒你正面临着情绪流失。而当你和一只猫在一起玩耍，感到开心快乐时，就意味着情绪在恢复。

建立情绪意识之所以很重要，是因为情绪是会传染的，是流动的。我们既要识别自己的情绪流动，也要识别影响我们的情绪源来自哪里。

其次，建立边界意识。一个人并不是成年了，就代表成熟了，而是懂得界限感了，才算真正走向成熟了。无论是亲子关系还是亲密关系，更多的是个体独立。如果我们没有边界意识，就会不断被外界情绪干扰，被别人的意志左右，从而让自己的情绪不断处于被吸食的状态。边界意识，意味着我们懂得了你是你，别人是别人，我们能适当地关闭自己的情绪大门，而不至于始终处于情绪流失状态。

善良和共情是一种很好的品质，但不应该以消耗自己为代价，更何况当你还是情绪赤字的时候，其实也很难给别人带来正向影响，倒不如调整一下情绪休息，才能情绪饱满地面对生活和他人。

四、感官休息

在现代社会，我们生活在感官刺激的时代。都市里车水马龙，各种噪声、人群和各种气味，随时会让我们的感官陷入超载。即便回到了家里，依然面临着各种电子产品，无休止的屏幕和灯光，还有已经习惯的各种重口味，酒精等刺激性产品。这一切，使真正的感官休息，变得非常困难。

心理学中有感官剥夺的治愈方法：通过隔离罐或浮选罐，来进行限制性环境刺激疗法。患者通常躺在一个黑暗的隔音水箱中，里面装满可以让人漂浮起来的盐水，在屏蔽外界的干扰中，彻底获得感官休息，释放身心。

心理学认为：摆脱所有感官输入，可以让你大脑中紧张焦虑的部分冷静下来，因为大脑没有检测到持续压力时，会降低皮质醇的水平。生活中，可以通过简单的感官剥夺和知觉隔离，比如减少视觉输入、隔绝噪声等，也可以达到感官休息的目的。所以，当你感到周围充满压迫感，看东西很累，甚至出现视线模糊，耳鸣耳胀等情况时，试试停止使用所有电子产品，保持室内安静，洗个热水澡，戴个眼罩，躺在舒适的床上等方法，都可以帮助你获得感官休息。

五、社交休息

社交休息是当你感到孤独和寂寞，渴望与人交谈与互动时，可以通过与他人的深度联系，建立有意义的交流，来放松自己，比如和家人一起吃顿饭，和恋人制订甜蜜的约会计划，或者和朋友一起聊天等。你选择的这些人，打算一起去做的事情，都是能让你放松的人和事。社交休息不是停止社交，而是离开无效社交，离开那些让你疲惫的关系，投入到让你信赖的关系。

如果一个人社交休息不足，包括感到疏离、孤独或者不能享受真正的亲密关系，就很容易陷入不良的关系中，进而无法享受优质关系，而在心理上排斥社交，并被动地接受让人疲惫的关系，从而陷入恶性循环，感到社交疲惫。所以，如果在忙碌的生活中，很久没有体验到惬意的畅谈，很久没有和知己聚会时，不妨停下手头的事，计划一次社交活动。如果身边没有合适的人，可以通过参加读书俱乐部，或者加入相似的团体，来培养友谊和高质量的人际关系。

六、创造性休息

我们很容易沉浸在机械的忙碌和单调的重复中，以至于忽略了周围的风景，四季的美好，生活中的小确幸；也缺乏时间去欣赏一件艺术品，聆听优美的声音，让心灵接受洗礼，让灵魂得以抚慰。长此以往，我们会不断地消耗自己的创造力，心灵的原始感知力。如果没有及时补给和供养，会很容易在不知不觉中，陷入创造性疲劳，也就意味着失去了与生俱来的惊奇感，对未知事物的好奇心，以及重新发现世界的动力和快感。换言之，我们明明活着，却活得麻木不仁，因为我们的眼睛是闭着的，心灵是粗糙的，情感是冷漠的，我们具备身为人的社会属性，却缺乏身为人的原始激情和能量，这让我们觉得工作只是工作，活着只是活着，而不是充满热爱地工作，以及有生命力和感染力地活着。

如果你常常觉得自己大脑空白，缺乏灵感和创意，感到自己的心灵被束缚住了，缺乏跳出框框思考或创新的能力，那么意味着需要创造性休息。

创造性休息，可以激发我们的想象力，帮助我们找到快乐，激发感激之情，重新感知生活的美好。

如何获得创造性休息？

其实很简单，保持观察和感受大自然的能力。参观艺术博物馆，欣赏优美的音乐，或做些手工艺品，品一壶好酒好茶，都能让我们保持内心的敏感。不论你在哪里，也不论你有什么样的资源，仍可以和孩子一起仰望天空，欣赏黎明和黄昏时分的美，欣赏飘动的云朵和夜空里的星星……

七、灵魂休息

灵魂休息，是指灵性的休息，获得灵魂上的归属感。

也许你感到迷茫彷徨，人生缺乏目标和意义，陷入日常生活的琐碎，或者因为被伤害过，而选择麻木生活，这些都会让你感到精神受伤，灵魂受损。

如果你出现以下迹象，那么就需要灵魂休息：失去希望，感到生活无意义；缺乏动力，觉得一切都很无趣；没有任何成就感，也缺乏满足感；经历抑郁和绝望，陷入麻木和冷漠；感受不到爱，好像被所有人抛弃……

那么，如何才能让灵魂休息呢？

可以选择阅读让自己得到安慰的书籍，做一些让自己感到安心的事，比如到大自然中散步，参加社区活动等，来重新找到自己的目标感和归属感。

（惠淑英　张洪铭）

16
世事纷扰，心中当自有一方天地

在如今这个信息时代，纷繁的环境一直在潜移默化或者直截了当地影响着人们的心绪。

也许是一条热搜，让人八卦到起飞；也许是身边的人获得了惊人的成就，让人羡慕嫉妒恨；抑或是领导一个出乎意料的决定，让人自觉被针对；甚至是爱人的一句抱怨，让人开始怀疑彼此的爱情。

世事纷扰，总是让人深陷其中，摇摆不定，往往无甚进展却又心累异常，乃至怀疑人生，在随波逐流中迷失自我。我是谁？我在干什么？我想要什么？这些问题在你们心中是否有明确的答案呢？当我们在这个纷繁的世界中四处追逐的时候，有没有发现不知什么时候竟把自己落在了身后。

我们有没有在心中为自己留一方天地，一处能与最真实的自我相处的空间，一处能静下来自我觉察、自我调适、自我成长的空间呢？

小时候很多人都上过各种兴趣班，未必真的有兴趣，但还是在家人期待的目光中努力。到了高中乃至大学，竞争越发激烈，人们开始喜欢互相比较，羡慕自己没有而别人拥有的成就、能力或是运气。到了工作岗位，领导的目光需小心翼翼地关注，隔壁的同事也需要时刻地提防。成了家，人们费劲心力地希望家人和朋友都觉得自己是幸福的。为了伴侣、为了孩子，人们不断向现实让步，到了夜深人静的时候，或是一次肆无忌惮的买醉之后，却忽然倍感空虚无力，自己已经被生活深深裹挟，无法脱身。

世事纷扰，不断刺激着敏感的人们，我们何不适时收回满身的雷达，静下心来，在自己心中耕耘一片属于自己的天地。

一、多读书、常思考

"书中自有黄金屋，书中自有颜如玉"，我的高中班主任曾对我们说过："遇事想不通，那就先放一边，去看书，看着看着也许问题就悄然解决了。"

现在想来，读书即是对自己心田的灌溉，这世界上浩如烟海的字句总会有触动人心的瞬间。读书是属于每个人最纯粹的思考时间，人们可以无所顾忌，天马行空。当那些属于自己的思考形成了体系，就有了本我；本我不断增强，就有了自己可以坚定遵循的价值观和信仰；有了坚定的价值观和信仰，那么无论世间何等烦扰，人们也不会迷茫。

二、多尝试、多收获

在这多姿多彩的世界里，人们又岂可将自己逼得枯燥乏味。在东京奥运会上摘得首金的"00后"杨倩，本来在清华学经济管理，然而哪怕有再多烧脑的经济问题、数学问题，在端起枪的那一刻，她便身处自己那一方天地，无人能扰。

我们身边也不乏这样多才多艺的人，他们充满着对新事物的好奇，也喜欢涉足多个领域，在方方面面都有他们活跃的身影，每一个新环境、新事物都能充实他们的人生，带来新的思考，无论在面对什么样的境遇，他们总能更显从容。

百花盛开，有的人心中能涌起万千诗篇，有的人只能掷出一句"我的天！"；有的人在时间里来去匆匆，有的人愿意用画笔、用镜头记录美的瞬间；有的人终其一生追寻财富，临终却只想握紧亲人的手。

心中有一方天地，方能让我们明白自己为何开心，又为何失落，也让我们清楚最该珍惜的是什么。心中有一方天地，在大是大非面前能为我们指明前进的方向，在艰难坎坷面前能给予我们出发的勇气。所谓"内化于心、外化于行"，当人的内心得以在这方天地中安定下来，那么他在社会中便不再会是一叶浮萍。

世事纷扰，心中当自有一方天地，耳目清明，进退从容。

（张洪铭　顾嘉鑫）

17
学会欣赏

罗丹曾说过,"生活中从不缺少美,而是缺少发现美的眼睛。"学会欣赏,你会发现,美就在身边。

一、欣赏生活

有人说,"生活就像是一面镜子,你对着它笑,它就会对你笑;你对着它哭,它就会对着你哭。"

欣赏生活,就是要不断发现生活中的美好。生活时不时会有小惊喜、小愉悦,比如亲人的问候、朋友的礼物、老板的表扬、同事的祝福……保存下来,不时回味,让生活的美好得以保鲜,让自己的心情变得愉悦。

欣赏生活,还要积极看待挫折。生活不会总是一帆风顺,会有各种不顺心,比如上班时遇到堵车、工作中出现了错误、生病住院……给自己带来不好的心情。当你遇到它们时,不妨试着换一个角度来看待,比如遇到堵车时可以让自己思考一下今日的工作,以免工作时手忙脚乱；工作失误，可以给自己增长经验；生病住院，则可以休息一下，放慢一下生活的脚步……换一个角度看待挫折，你就会发现原来挫折并没有那么糟糕，反而是生活的另一种美。

二、欣赏工作

有位哲人说过："工作就是人生的价值、人生的快乐，也是人生幸福之所在。"工作不仅仅为我们生存提供物质基础，更是我们创造人生价值的平台，是我们实现人生意义之所依托。

欣赏工作，就要保持积极的工作态度，热爱自己的工作，并为之自豪。每个工作都有自己独特的价值：文艺工作者创造好的作品，愉悦我们的心灵；科学家发明新的产品，便捷我们的生活；环卫工人清理垃圾，美化我们的城市……每个工作都需要有人去做。我们应该学会欣赏自身工作的价值，并从中体验到工作的乐趣。

欣赏工作，还要学会知足常乐。我们必须承认，工作是有分工的，每个人的薪水是不一样的，有的人可能年薪百万元，有的人可能月薪只有一两千元，甚至更少。也许你会抱怨生活的不公，让你没有高薪的工作，但至少你还有工作，不会无所事事，虚度光阴；至少你还有同事，或者从事着和你一样工作的人，你们还会有共同点，心灵上不会孤单。

三、欣赏自己

李白有诗云:"天生我材必有用",每个人都是独一无二的,你只能成为你自己,也应该成为你自己。

欣赏自己,就要学会发掘自己的优点。"梅花优于香,桃花优于色",每个人都有自己的闪光点。欣赏自己就是能够真正看到自己的优势,通过不断发扬优势,逐渐建立强大的自信,从而不断创造更加美好的生活。

欣赏自己,还要学会接受自己的缺点。"金无足赤,人无完人",每个人都会有或多或少的缺点和不足,如果这些缺点和不足无法改变,那么就要学会与它们和解,坦然接受它们。改变可以改变的,接受不可以改变的。只有接受自己的一切,才能放下包袱,活出真实的自己,释放自己的独特魅力。

(朱志海 莫欣谓)

18
对抗焦虑三部曲,给心灵"放个假"

你是否会经常有这样的感觉:每当本日内的工作没完成,急得吃不好饭、睡不着觉,满脑子都想着未做完的工作;与朋友或同事有了矛盾,整日心神不宁,担心以后难以再和谐相处;定了很多目标,最后完成的没几样,一边懊悔,一边不断埋怨自己……这些都是焦虑的表现。过度焦虑,会拖垮你的人生。产生焦虑的最根本原因,是人对生活的失控感。当理想生活与现实生活差别太大时,就很容易感到焦虑。与其因担心、焦虑而一直在原地打转,不如勇敢地迈出第一步,只有真正让自己动起来,步履不停,走在路上,你才会拨开焦虑的"迷雾",最终看到如诗如画的人生风景。

对抗焦虑三部曲。

第一:直面焦虑,转化焦虑,用积极的态度去过有创造性的生活。

当人们感到焦虑时,常常采取的方式要么是回避,任其发展;要么是保护自己,不愿踏出舒适区,自怨自艾。其实有时候,焦虑会促使人们去冒险,经历新的生命体验,带来生命中崭新的可能性。

缓解焦虑最好的方法，就是去直面自己的心魔，找到你焦虑的真正原因，对症下药，找到合适的方法或途径去转化它，让它成为你前进道路上的动力。

第二：活在当下，给自己的内心空间预留一方净土。

拒绝活在别人的眼光中，忽略他人的评价，内心才会更加安定。当内心充斥着各种外界的声音时，要学会适度"静音"。总觉得自己可以更好，做得还不够，不能肯定自己，当出现这样的心理时我们要学会与自己进行和解，适当地降低标准，在内心深处对自己说："你已经做得足够好了。"盲目从众只会让你迷失最初的目标，相反，有时候需要停一停、靠一靠，将烦躁的心情稍加整理，去享受内心的片刻宁静，去思考接下来你究竟该朝着哪个方向努力奔跑。

第三：遇到问题解决问题，脚踏实地，走稳当下路。

真正脚踏实地的人很少焦虑，他们都忙着想办法实现目标，没有时间困惑，因为在他们眼中没有哪一天是"岁月静好，四平八稳"的，更多的是不一样的风险和挑战。如果每日焦虑不断，生活就会变得很疲惫。学会遇到问题、解决问题，推动事情向前发展，在这个过程中学会理性地分析问题是非常重要的。首先，我们需要将模糊一团的东西整理清晰；其次，逐步分析每一个小困难的解决方法，一步一步解决困难。有了这样解决问题的态度后，就不会有风声鹤唳、草木皆兵，也不会有计划被打乱时的慌张或愤怒，有的只是"逢山开路，遇水搭桥"的从容。所以说如果我们脚踏实地努力向前，理想生活就会向我们迈进，焦虑自然也会"随风而散"。

我们无法预计明天，但也不必太过紧张。我们为何而活，想要怎样的生活，每个人都有自己的答案；人生这条路该怎么走，每个人也有自己的节奏。向外眺望，看到的是别人的人生，向内审视，专注自己，那才是生命本来的样子。面对焦虑，一味原地打转只会越来越糟糕，尊重自己内心的声音和节奏，稳步迈向前方，让生命活出它自己的精彩。

人生的问题总是接踵而至，不过，倒不必将它们看作生活的"拦路虎"。前路若是坎坷，无非逢山开路，遇水搭桥，片刻虚度又何妨？

（邱思洁 王靖一）

19
远离浮躁，淡泊宁静

在我们的心灵深处，总有一种力量使我们茫然不安，让我们无法宁静，这种力量叫浮躁。当我们心不在焉的时候，当我们坐卧不宁的时候，当我们没有耐心做完一件事的时候，当我们计较自己得失的时候，当我们急功近利的时候，当我们盲目与人攀比的时候，浮躁犹如幽灵一样，悄悄地向我们走来。它会腐蚀我们宁静的心灵，让我们自寻烦恼，喜怒无常，焦虑不安，患得患失；它会挑逗我们坚强的意志，让我们浅尝辄止，东一榔头西一棒槌，这山望着那山高。

人们浮躁情绪的背后，是心灵空间的"沙漠化"。换一句话说，就是随着浮躁情绪的扩大，内心逐渐变得"空虚"，也就渐渐产生了浮躁。缺乏正确的价值观，是产生浮躁的根本原因。从表面看，浮躁是心态和情绪的问题，但由深层观之，则是价值观的问题。有什么样的价值观，就有什么样的心态和行为。正确的价值观就好像是锚，引导人们沿着正确的航线坚定前行，而没有锚的船只会随波逐流，漂浮不定。

一个人如果不注重提升自己的内涵修养，就容易丧失重心。没有重心，人就会浮起来，容易随外部环境而动，求之于外，盲目跟风，急功近利。

纵观浮躁的表现，主要可归为以下几个方面：

（1）理想和价值感（人生意义）丧失，易急功近利，消极悲观。

（2）做事缺乏方向和重心，易茫然和丧失方向。

（3）思维缺乏理性和判断，不善于思考，头脑冲动，易盲从。

（4）人格缺乏独立性，过于依赖别人的评价，易受环境左右。

（5）思维出发点错误，遇事不能反求诸己，而是责之于人；不能先人后己，而是自私自利。

（6）做不好"克己"功夫，缺乏自制力，对自己缺乏约束和教育。

（7）做事无恒心，无定性，易见异思迁。

（8）贪图享受，不能艰苦奋斗，耐不住寂寞，禁不住诱惑。

浮躁是一种冲动性、情绪性、盲动性相互交织的不良心理，使人失去对自我的准确定位，容易随波逐流，所以，要端正心态，摒弃浮躁。

一、用做大事的心态做好每一件小事

梦想只有在脚踏实地的工作中才能得以实现。许多浮躁的人都曾有过梦想，却始终无法实现，最后只剩下牢骚和抱怨，他们把这归因于缺少机会。其实，机会就在每个人身边，只不过，脚踏实地的耕耘者在平凡的工作中创造了机会，抓住了机会，实现了自己的梦想；而不愿俯视手中工作细节的人，在焦虑地等待机会中，度过了不愉快的一生。要尽快学会摆脱浮躁，每一件工作，都要努力做到最好；每一天，都要尽心尽力地工作；每一件小事，都要力争高效地完成。从小事开始，不断积累经验、增长才干、锻炼意志、增长智慧、赢得认可，培养积极的工作态度，用做大事的心态去做好每一件小事是决定一个人能否成功的关键。

二、专注于每一件事

人的精力是有限的，只有专注于一件事，将自己的精力集中在一起才能够有更多成功的机会。水珠不断地滴下来，可以把最坚硬的岩石穿透；湍急的河流一路滔滔地流淌过去，身后却没有留下任何痕迹。如果一个人的目标频繁变动，不可能沉下心来在一个岗位上认真工作，而会在两个甚至多个目标之间疲于奔命，这样没有目标地工作只会事倍功半。只有你专注于一件事时，才能够正视自己能力上的不足，从工作中吸取经验，不断提高自己，为社会也为自己创造价值。反之，即使你能力超群，但如果不能专注于一件事，即便你有智慧的大脑、优势的体格也难以成功。

三、坚守信念不放弃

有自己的信念，就不会盲从，就会保持内心的宁静，不受外界干扰，坚持做应该做的事，实现自己的目标。诸葛亮写给他8岁儿子诸葛瞻的《诫子书》中说："夫君子之行，静以修身，俭以养德。非淡泊无以明志，非宁静无以致远。夫学须静也……"我们切忌急功近利，只要脚踏实地地去做人做事，就会少一些困惑，多一分坚定，也能够在追求人生目标的过程中享受到沿途风景，给内心带来真正的欢愉。坚守信仰，犹如在内心撒下一颗种子，只要在合适的条件下，种子就会生根发芽，破土而出，有收获果实的希望。

人生在世，不免被各种诱惑吸引，名利、金钱、美色、地位等。当这些占据你世俗、慌乱的心时，有限的精力就会被瓜分，费尽心机忙于应付它，却不知道自己当初的志向已经丢失。只有淡泊宁静，才能洞察凡尘，只有清心内敛，才能高瞻远瞩。淡泊，是滋润你心田的甘泉，清新凝神，平抚燥热；宁静，好似催眠的歌谣，无论多么阴暗的夜色，都会给你心底带去安然。淡泊其实是一种自得其乐的思绪；宁静其实是一种豁达大度的心情。安于淡泊宁静，能以平淡的态度对待生活中的繁华与诱惑，让自己的灵魂安然入梦；能在世俗中始终保持超凡的力量，植根于这个尘世却不为风雨沧桑所动；能包容万物，宽容万象，守护内心深处一棵慈忍、博爱之心，放射并展现人格、操守灼人的光华。

（惠淑英 江佳丽）

20
摆脱虚荣，卸掉心灵负累

在法国作家莫泊桑的小说《项链》中，路瓦栽夫人为参加豪华舞会，向朋友借了一条贵重的项链。谁知一夜风流快活后，项链却不翼而飞。无奈之下，路瓦栽夫人只得四处借贷重金，购买了一条同样的项链，并因此而倾家荡产，不得不换上粗布衣服，干着粗活重活挣钱还账。后来，朋友看见她憔悴的样子，惊讶道："我可怜的玛蒂尔德，那条项链是假的，至多值500法郎！"路瓦栽夫人就是典型的被虚荣心腐蚀而导致青春丧失的悲剧形象。

伴随自我意识的逐渐崛起，每个人都会越来越关心自己在别人心目中的形象，关心别人对自己的评价，因此而变得自尊自爱。这是激励人们奋发向上、勇于进取、以期有所作为的强大内在心理动力。但有时人们却片面、过分地被这种动力所驱使，总想胜人一筹，便滋生出虚荣、攀比的心理和行为，有的一味讲究穿戴用度，唯恐穿着不新潮、座驾不气派，被别人觉得掉价、寒酸，不管经济条件是否允许，一个劲购买名牌服饰、豪车装点自己；有的讲排场、摆阔气，打肿脸充胖子，借过节、生日之际互相请客吃饭、赠送贵重礼物，把父母或自己挣的血汗钱用来争面子；有的对身边的人期望过高，羡慕别人家孩子的学校好，成绩好，爱人学历高，工资高，对身边的人要求过于严苛。以上种种，结果都是"死要面子，活受罪"。

虚荣心是扭曲和过度表现的自尊心，是为了取得荣誉或引起注意而产生的不健康心理。法国哲学家柏格森曾说："虚荣心很难说是一种恶行，然而一切恶行都围绕虚荣心而生，都不过是满足虚荣心的手段。"虚荣是心灵的蛀虫，侵蚀、损害人的心灵。爱虚荣者往往被表面的荣耀、虚假的荣誉所吸引，总是费尽心机地去粉饰、装扮自己，却不能将主要精力用到对真才实学的追求和钻研之中，对真正美好生活的追求和享受之中。爱虚荣者难免要弄虚作假、文过饰非，戴着面具生活，不能轻松自在地活在当下。虚荣心强的人往往十分自负，会错误地估计自己的能力，而不愿接受自己的不足，拼命想出风头、博彩头，往往会事与愿违。

我们难免会产生虚荣心理，这无可厚非，关键是如何去面对它、克服它、管理它，不被它驱使，不成为它的俘虏。

一、要有正确的荣辱观

在同学、朋友、同事面前要有一定的荣誉和面子，是人的心理需求，但荣誉应当与一个人的真实付出、对社会的贡献及个人才能相匹配，否则只能是虚假的。因此，我们对荣誉、地位、得失、面子要持有正确的认识和态度，做到自信、自爱、自立、自强，消除扭曲的自尊心。

二、要有直面自我的勇气

我们不应自负自大，也不应自卑自轻，要相信真实的自己就是最美好的，以求真务实的态度来战胜、克服虚荣心，客观地评价现实和自身，勇于面对现实和自我，既能积极发现现实的美好和自身的优势长处，又能坦然地接受现实的不完美和自我的缺点与不足。

三、要常怀一颗素朴之心

《庄子》中说："朴素而天下莫能与之争美。"物欲所驾驭的人与事，都只会停留在一个低级的层次。我们不拒绝物质的福泽，但也不追求浮华的虚荣和奢靡的身外之物，用得体的穿戴表现独特的自己，不沦为物欲的奴隶，才能收获心灵的慰藉，拥有一生最好的风景。

（贾俊鹏 李清欢）

21
远离抱怨，一路向阳

我们见过很多爱抱怨的人，抱怨婚姻不幸，抱怨工作不顺，抱怨命运坎坷，认为世事皆为刁难。心生烦恼，抱怨的话就顺口说了出来，但是抱怨过后问题依然摆在那儿，我们还是需要继续面对。

一、抱怨犹如毒药，会带来许多负面影响

抱怨破坏人际关系。抱怨是会传染的，它会把坏情绪传递给身边人，让别人也心生烦感，就像一个腐烂的水果，不仅会让自己失去价值，还会让周围的空气中都充满了腐烂的气息。爱抱怨的人最终会被周围的人孤立抛弃，人际交往面也越来越窄，家庭也会变得不和睦。

抱怨影响身体健康。"抱怨是往鞋子里倒水，越抱怨自己越难受。"抱怨只会让自己的负面情绪不断增长，很多健康的人都是在怨天尤人中得了被视为精神疾病的"抑郁症"。有研究表明，三分之二的身体疾病源自心理，当你总是沉浸在坏情绪中，人就会萎靡不振，身体真的有可能会出状况。

抱怨使你事业受挫。职场中，最重要的就是要能够抓住时机，迅速解决问题。如果你总是不停抱怨，机遇就离你越来越远。比如，在职场竞争中，你没有能成功上位，心里愤愤不平，于是你到处开始抱怨领导不公，薪水太低，工作态度就会逐渐懈怠，久而久之，你将不会再被单位重用。

二、我们为什么会抱怨

其实，许多抱怨反映的都不是人们对某个事物或某个人的真实态度，而是人们内心的某种人际反应。

第一种是寻求关注。人们天生有一种需要获得别人认可的需求。受到别人的关注使我们感到有安全感，感受到被人关怀的温暖。无论是在家庭中，还是在工作中，当我们无法得到这种关注时，就容易使用起抱怨这个武器。

第二种是缺乏自信。很多人都有一种心理，那就是不想承认自己做得不好。因此，当遇到困难难以解决时，就不由自主地想从外部找原因，甚至事情还没开始做，就在为失败预设借口。正所谓"命运是弱者的供品，强者的谦辞"，借口中别人的原因或是自己运气不好，不过就是想甩锅给环境和他人。

第三种是期望过高。人对自身周围都有一个期望值，这个期望值包括身边的人、事、物、环境等当没达到自身的期望值时，就会产生抱怨心理，比如：每天上下班赶上高峰期，你就会抱怨怎么这么多人；你对自己的孩子期望很高，当他没达到你的期望时，你就会抱怨他没用心。有的时候期望越大，失望就越大，随之，抱怨也就越多。

三、我们该如何做才能避免抱怨呢

抱怨环境，不如改变心态。罗曼·罗兰说："只有把抱怨环境的心情，化作上进的力量，才是成功的保证。"良好的心态是我们战胜艰难困苦的关键。作家史铁生21岁就下肢瘫痪，中年双肾衰竭，每周做三次透析维持生命，但是他没有埋怨生活不公，而是用自己残缺的生命书写了丰富而健硕的思想，创作出许多优秀的文学作品，可见积极心态可以带来的伟大力量。

抱怨挫折，不如默默变好。尼采曾说过，"谁将声震人间，必将深自缄默。"那些在历史上留下名字，做出一番事业的人，都曾经历过一段黑暗的时光。他们不抱怨，不诉苦，憋着一口气，努力生长，像在地下蛰伏三年的蝉，褪去外壳，终会声震人间；像庄子笔下三年不飞的鸟，准备停当，便会一飞冲天。酸甜苦痛是人生，百般磨难是成长。人生的所有至暗时刻，都是进阶的前奏，只要挨过去，就能破茧成蝶，光芒万丈。

抱怨他人，不如自我反省。敬人者，人恒敬之，怨人者，人恒怨之。在每一次开口抱怨他人之前，先从自己找原因，"是我哪里做得不好，我能不能做得更好，我有没有怀着感恩之情对待我的家人、朋友？"逐渐地你会发现，从内改变，你会没有那么多抱怨。你的抱怨少了，沟通原来那么简单，人际关系也都会朝着理想的方向发展。

　　抱怨过去，不如憧憬未来。昨天的事情已经过去，抱怨也起不到任何作用，不如吸取教训，做好下步的计划。美国黑人民权运动领袖马丁·路德·金发表过一个演讲——《我有一个梦想》。在演讲中，他并没有不断地诉说自己曾受到的歧视和不幸，相反，他把自己对于未来的美好愿望全部写了进去，这样的期盼给了人们巨大的鼓舞。因此，当你享受着努力实现目标的过程中带来的成就感时，你将无暇抱怨，好运也会如期而至。

（贾俊鹏　牛萌萌）

22
摆脱内耗型人格

内耗型人格是指，一些人由于其性格特点，倾向于将负面情绪藏在心中，当情绪垃圾长时间堆积，就会带来严重的精神消耗。具体表现为：很多时候明明什么都没做，却感觉已经累得不行；做得不好，又会在事后不断地反思和谴责自己，觉得自己很失败；因为害怕失败，很多时候不到最后一刻不去做，最终，陷入拖延—自责—拖延的怪圈。

工作是以结果为导向的，内耗型人格表面看上去"戏很多"，结果却很坏，必须解决它。

一、直面现实，接受内耗型人格

很多时候，我们害怕自己是内耗型人格，排斥真实的自己。内耗不应该是一件被否定的事情，而是每个人多多少少都具备的人格特性。有时候，我们总会有意无意地放大自身缺点，即使这些缺点并没有被人注意。真正能影响自己生活的，从来不是内耗型人格，而是面对内耗型人格时所采取的态度。接受每个人都会内耗的事实，不轻易否定自己，是摆脱自我消耗的开始。

二、摆脱内耗，从"内观自己"开始

在这世上，每个人都有自己各自的境遇，由此产生的价值观也不尽相同。将别人的言语作为行动依据，不断扭曲自我内心的想法，不仅徒费心力，还会错失眼前的机会，留下遗憾。与其向外迎合，不如向内而生，把更多精力用在那些自己认为正确的事上，抛开己见，打开心结，对自己有一个清醒的认知，拥有一个平衡的身心。

万物都有自己的周期，心理同样如此。有时候，当察觉到自己有消极、悲观的情绪袭来时，我会想象着这些情绪就像潮汐一样在我体内起伏。我需要做的是让这些情绪不发泄出来，以免给现实中的人和事带来不好的影响，并努力控制情绪起伏的幅度，让它们缓缓归零，归于平静。

努力察觉自己的情绪心理周期，在感觉内耗严重的时候用平和、轻松的心态去对待它。

三、走出内耗，从小事做起

想，都是煎熬；做，才有解脱。如果说内耗的根源，在于理想的丰满与现实的骨感之间的反差，那么正确的行动，就是找到现实与理想之间的轨迹。面对求而不得的落差，通过行动获取的价值感，才是对内耗体质的滋养。有时看到事情有一点点推进时,状态会一点点好起来,但内耗型人格往往伴随着拖延症,因为内耗而缺乏实际行动,又需要实际行动来抵消内耗。因此,在陷入行动前的临界状态时,要勇于迈出第一步,哪怕脚步再小。把事看远,把心放宽,一步一步慢慢来,剩下的就全部交给时间。

内耗型人格,不是朝夕间就能摆脱的。当你开始接纳自己、内观自己、改变自己,一段时间后你会发现堆积于内心的压力正在不断释放,那些萦绕心底的质疑,会在你允许自己不完美时消散;那些求而不得的怨抑,会在你着手去行动时得到缓释。往后余生,别再与自己较劲,和光同尘,与时舒卷,迎接更好的明天。

（马永强 巩会峰 李清欢）

23
积极应对"内卷"，重拾内心安宁

当下，"内卷"成了年轻人口中的一个热词。"瞧，又卷起来了。""太卷了！"大家戏谑的口吻中，透着一丝无奈。内卷，经网络流传后，被用来指代非理性的内部竞争或"被自愿"竞争，是一种同行间竞相付出更多努力以争夺有限资源，从而导致"收益努力比"下降的现象。

老师布置作业，明明要求两千字，大家写起来动辄上万字，为了不被比下去，自己不得不提高标准；卷烟厂流水线上工人的工作，一个技术蓝领就能胜任，名校毕业生趋之若鹜，研究生比例超30%，就业门槛无形中被"卷"高；外人眼里看起来清净的寺庙，也不乏来自清华、北大、中科院的高才生，难怪网友开玩笑道："这年头，出家咱都不够格喽！"

随着社会竞争越来越激烈，人们的"内卷感"也越来越强，大家的内心也越来越焦虑不安，吐槽抱怨、郁闷不满也变得稀松平常。那么，面对内卷带来的种种负面情绪，我们该如何应对，才能重拾内心的那份安宁，让自己正能量满满呢？

一、正确认识，与时俱进

当下"内卷"现象流行，与社会的快速发展是离不开的。过去教育的普及率远不及现在，受过高等教育的人不多，只要稍微勤奋用功就能够出众出彩。当今社会大学生、硕士、博士的数量越来越多，况且大家都很努力，因此，过去轻而易举能够获得的东西，现在需要通过激烈竞争才能获取。这样或许会使我们变得更累，但这恰恰说明我们所处的社会发展进步、不再落后了。明白了这一点，就会懂得这是不可逆转的趋势，是社会发展的必然，因此也就能够调整好心态、从容面对了。要有正确的认识，不要视"内卷"为洪水猛兽，而是去直面它、认识它，摸索与其共处的办法。我们应该明白，时代在发展进步，与时俱进才是最好的态度和选择。

二、温和努力，稳步前行

明代理学家胡居仁在一幅自勉联中写道："苟有恒，何必三更起五更眠；最无益，莫过一日曝十日寒。"我们需要的不是"拼命三郎式"的努力，那样看似很猛烈，但终究是后劲不足、难成大器。我们不妨试着温和持续地努力，在正确的时间、正确的地点做正确的努力，把握事物发展的规律，找到适合自己的节奏，不因他人的步伐而乱了阵脚，在善待自己的基础上稳步前进，这才是我们对"内卷"最有力的反击。

三、放平心态，劳逸结合

有道是"有心栽花花不发，无心插柳柳成荫"。这世上的许多事情，本就是强求不来的。很多时候，我们需要做的往往是放平心态，劳逸结合，不妨把休息这件事列入待办列表，把那些烦琐的日常抛到脑后，给自己留下休息的时间，积蓄能量厚积薄发。至于怎么休息，完全自己说了算，去跑跑步、打打球、撸撸小猫、在河边发发呆、专心地看天边的云彩、整理打印一下日常照片……只要它能让你真正感到"回到当下，回到自己身上"，都是良好有益的休息方式，也是对抗"内卷"的一剂良药。

内卷不可怕，只要我们看清本质，找准步伐稳步前行，温和努力、合理休息，平和与喜悦，就会向你招手。

（张家栋 牛萌萌）

24
春节里的二八定律

在新春佳节来临，万家团圆之时，不同年龄、不同性格、不同身份的亲朋好友聚在一起，如何融洽相处，是一门学问。在这短暂而又珍贵的相聚时间里，发挥好二八定律在家庭建设中的作用，对我们过一个喜庆和睦的春节，大有裨益。如果我们在 80% 的时间里做到了以下 7 条，那我们家庭的幸福指数就会排在前 20%。

一、两分表达，八分倾听

春节团聚，在与亲朋好友交流的过程中，切忌争强好胜，有时候倾听往往比诉说更有分量。卡耐基有句名言："只要成为好的倾听者，你在两周内交到的朋友，会比你花两年工夫去赢得别人注意所交到的朋友还要多。"若想与人亲近，就要多听听别人的观点和讲述，而不是一味输出自己的观点，不考虑他人的想法。八分听，二分说，是一种说话的智慧，更是一种了不起的情商。

二、两分自省，八分淡然

人们往往喜欢把最好的一面展示出来，尤其是在亲朋故友面前。在团聚时刻，从衣着打扮到车驾用具，很多人都讲究档次排场，甚至不惜打肿脸充胖子。不可否认，周围有些人确实在事业上做得比我们要成功，但也没必要盲目攀比抢风头，二分观世间，八分观自在，用两分心态学习别人的长处，思考自己的不足，八分心态坦然处之，用心过好自己的生活才是王道。

三、两分放纵，八分放松

放假了，目的是放松，而不是一味地放纵。然而，亲朋好友久别重逢，一味地讲究自律，难免会有些不近人情，不能尽兴而归。这时就需要我们把握好度，真情实感要表达，也要牢记"放纵之时有多痛快，放纵之后就有多痛苦"这句大实话，切莫不加节制地由着性子来。及时推掉一些无用的社交和对身体的透支，趁着假期，我们可以多调养自己的身体，多陪伴自己的家人。

四、两分治疗，八分预防

在北半球，春节期间，是一年中气温相对较低的时候，也是新冠肺炎疫情等各种流行病和心脑血管疾病的高发期。对于疾病，预防永远比治疗来得有效，首先，要严格遵守疫情防控要求，不扎堆、不聚集、勤洗手、勤通风，做好疫情防控措施；其次，要遵循季节性疾病的预防规律，保持健康的生活方式，及时补充水分，保证睡眠；最后，要根据温度变化增减衣物，做到"二分寒八分暖"，并保持适当运动，增强机体免疫力。

五、两分摇头，八分点头

网络上有句话："别人骂你一句，你回骂他一句，这叫吵架；别人赞美你一句，你回一句赞美，这就叫社交。"心直口快的人，经常用"性格直爽"来做掩护，其实很多时候是情商低的表现。待人接物，别忙着否定，也不用为讨好而赞美，不同意对方的观点，可以委婉地表达自己的意见，做到尊重他人。八分点头欣赏，二分摇头批评，懂得了待人的学问，长久的关系就不会腻。

六、两分距离，八分亲密

梁实秋在《谈友谊》中说道："'君子之交淡如水'，因为淡所以才能不腻，才能持久。"再好的关系，也要记得保持一杯水的距离，切不可太过亲近。知人莫言尽，交浅莫言深，靠得太近，容易在不经意间侵犯别人的私密空间，产生矛盾。距离产生美，待人八分暖，留下两分，叫界限，叫尺寸。相见亦无事，别后常忆君，亲而有间，密而有疏，这样的关系才能走得更远。

七、两分饥饿，八分饱腹

过节时，大鱼大肉少不了，一不小心就会吃撑。病理学研究表明，吃得太饱不仅会让消化系统负担过重，还会引起内脏器官过早衰老和免疫力下降。因此，春节期间一定要注意饮食原则，大快朵颐之时，多想一想体重，多考虑一下肠胃。饮食量把握"二分饥八分饱"的原则，饮食结构保持"二分细八分粗"的搭配，菜做八分咸，果蔬占八分，可以防止"富贵病"找上门。

（马永强　李清欢）

25
清明时节寄哀思

　　清明节是寄托哀思的日子，也是跨越生者与死者的界限，展开生命叙事，获得生命感悟的契机。古人在清明时节会把各种灾祸和疾病的名字写在风筝上，等风筝升到空中后剪断风筝线，让这些灾祸和疾病随风而逝。古人云："春分后十五日，万物生长此时，皆清洁而明净"，所以谓之"清明"。清明节既是跟死亡密切相关的节日，又是和生命密切相关的节气，花草树木欣欣向荣，人与自然同迎生机。因此，这个节日集死亡和生命于一身，融悲情与希望为一体。在这个时节，很多人都会到祖坟去祭拜，祭奠已逝去的祖先，用各种仪式化的行为来哀悼逝者。这个已传承千年祭奠、祭扫的风俗既是对逝者的哀悼，也是对生命的追问。

　　从心理学的意义上来看，人们之所以对至亲的亡故难以释怀，是因为这些亲人往往是我们生活中最为重要的人，是我们过往生活的一种习惯，有着丰富感情的卷入和心有灵犀的共鸣。心理学界常常用"自体"与"客体"这两个概念来定义自我与重要他人或者重要事物之间的关系。从狭义来说，相对于我们自身这一主体来说，亲人及与亲人有关系的任何事物都可以称为重要客体，这些客体是我们生活的一个重要组成部分。当至亲离世的时候，人们面临的不仅仅是失去一个亲人，更会发生一系列与重要客体的分离，所谓睹物思人就是这个道理。这些与重要客体的分离会给我们的生活带来巨大的变化，而这些变化又会给生者带来极大的心理冲击。一旦无法适应由于主客体分离而引起的情感与生活上的变化，就会给当事人造成内心创伤。生活中越是对逝者依赖眷恋程度高的人，其"伤心"程度就会越深刻，而恢复起来也就越不容易。假如我们无视这些创伤，失去的痛楚得不到及时修复，任由"伤心"肆意，那么，负面情绪就会影响到生者未来的精神状态和生活质量。因此，人们需要采用一定方式来解决"伤心"问题，而通过积极的自我认知、祭奠缅怀、亲近自然和获取亲情等途径，人们就可以疏解情怀，化解哀思带来的心理情绪问题，将自体与客体关系做一次完整而相对彻底的梳理，同时完成全新的客体关系建构。

一、通过积极认知适应常态表达哀思

人生只在生与死之间，死亡是自我们出生之后随时都要面对的一个重要问题。很多人不怕自己死亡，却怕至爱离去，但是生死是自然规律，即使是养生大家也免不了最终闭上双眼，可见亲人的离世是每个人都要经历的过程。正确地看待死亡是积极认知的一种健康心理观念。我们可以通过参加健康讲座、论坛及小团体辅导等，参与到生死观念的讨论中。当我们将生老病死看成人生的常态，就会避免由于重要他人的离去而带来的心理负担。但是，死亡毕竟是一件令人心痛的事情，即使我们做好了心理准备，依然会难以接受死亡带来的内心冲击，所以，建立正确生死观的一个重要问题就是学会用生替代死。人需要爱，也需要爱他人，我们要学会将对亡者的思念转化到对现实中其他亲人的关爱上，当爱的传递可以被他人接受的时候，就会产生一种幸福感。有了这份幸福沉积在内心之中，我们也就很快能够适应亲人离世之后的生活常态，应对亲人离去带来的心理冲击。

二、通过祭奠缅怀宣泄疏解寄托哀思

亲人的故去对每个人的心理影响都是巨大的，哀伤、痛苦、绝望等情绪会在人们心中不同程度地出现。由于平时大都忙于生活、工作、学习，很少有时间去关注自己的内心，所以许多情绪便积压于内心深处。然而压抑并不等于消失，如果一直不能得到宣泄疏解，就可能长时间困扰心情，甚至引发更严重的心理障碍，乃至心理疾病。利用清明假日，在亲人灵前焚炷香、烧点纸，想哭就痛痛快快地大哭一场，想说就淋淋漓漓地直说一番，追念牵挂也好，后悔宽容也罢，把压抑心底的东西通通流露出来，心理便可以得到调节。现代社会虽然让传统祭奠少有用武之地，却给我们提供了更多全新的祭奠方式，例如网上祭扫、以团体辅导为形式的追思会、采用3D技术与亡者隔空对话等，借助现代科技开展多种形式、多种途径的祭奠、缅怀，这将不再局限于我们的行动范围，让祭奠可以随时随地。例如，哀痛小组活动可以帮我们将个人私密性的情感寄托扩展并融合到具有共同特性的团体中，小组成员可以相互释放情绪、相互分享思念、相互提供能量。可以说，小组活动更具有积极的心理学意义，许多小组内部的环节设计，可以让祭奠不再孤独，防止因个人心理承受弱而带来负面影响。

三、通过亲近自然缓解压力释放哀思

清明时节正是万物复苏、生机蓬勃的大好时节，麦苗油绿，菜花金黄，桃红柳翠，鸟鸣啁啾，正好可以趁此良辰到郊外走走、去乡下看看，走进自然，贴近自然，聆听大自然的声音，体验生命力的张扬，呼吸清新的空气，感受阔朗的氛围，尽情释放心情，给生活一份从容，给岁月一份清浅，给生命一份淡然。同时，美好的自然环境还能唤起活力乐观，使人拥有一种积极乐观的心态。当代人的压力越来越大，生活、工作、学习，无不面临着严峻的竞争。清明节假期尽管短暂，却可以让人从紧张焦虑的氛围中解放出来，使一直放不下的学习与工作有了放下的理由，长期没有关注的情绪有了关注的机会，紧张焦虑得以舒缓减弱。

四、通过家庭亲情获取力量抚慰哀思

家庭是社会的基础细胞，在家庭中获取的幸福和快乐，直接影响着生活的满意度。亲情的表达与传递，会增强人们的心理动力，获得更多的心理支持，使人有更强的安全感，也能增进亲人间的亲密程度，使家庭关系和谐美好。比如举家老小集体外出，通过踏青、放风筝、荡秋千等放松身心的郊游活动能增进家庭成员间的感情，也能疏通冬日的气血瘀积，让精神压力得以缓解，使心胸开阔，心情愉悦，更能使人体正气增强，提高对疾病的抵抗力。假期一过，人们就又要重新投入到紧张的环境中，去面对各种各样的挑战了，犹如一辆汽车，在整修加油后又要飞驰在路上，再好的汽车跑过一段之后也得保养、加油、才能接着上路驰骋。清明时节的团聚就给人们提供了添加动力，获取力量，增进感情，抚慰哀思的机会。

　　清明时节祭扫祖先和先辈，外在形式上是在祭奠祖先，心理层面上，却是在祭奠我们自己，是在接受、接纳我们自己身上的一部分，是在与存留在我们身上的祖先的精神遗传建立链接。在这个与思念握手，与哀伤告别的日子里，让我们通过心理调节，情绪宣泄，放松心情及与家人团聚获得心理支持等方式抚慰心灵，寄托我们的哀思吧！

（邵伟志 冯润轩）

26
应对考试焦虑有章法

在中考、高考时间临近时，考生，特别是现在处于新冠肺炎疫情下的考生，可能会出现以下的状况：感到局促不安、心慌、头疼、吃不下饭、睡不着觉；担心考试期间会被传染病毒；一些平时会做的题，担心在考场上由于太紧张，大脑一片空白，什么都想不起来；考试临近了，感到还有很多内容没有复习到；晚上总是失眠，特别是考试前一天晚上，因为担心睡不着会影响第二天的考试，反而加剧失眠……

这些状况是大多数考生都存在的普遍现象，即考试焦虑，是一种以对考试的担心、紧张或忧虑为特点的复杂而延续的情绪状态，是考生一种常见的、基本的心理体验。当我们感觉到考试对自己具有某种潜在威胁时就会产生焦虑的情绪。面对大考，容易产生考试焦虑，是正常的，没有害处，是我们对考试具有自律性和责任心的表现。

考前复习期间，适度的焦虑能发挥人更高的学习效率。在一定限度内，随着焦虑程度的增加，学习效率也会随之提高。但当焦虑水平超过一定程度时，学习效率就会随着焦虑程度的增加而降低。

过度的考试焦虑是对学习有极大危害的，容易分散和阻断注意过程，干扰回忆过程，对思维过程有瓦解作用，所以要采取一定的措施来缓解严重的考试焦虑。

一、充分做好准备

对所学知识技能的掌握是否充分是影响考生焦虑水平的首要因素，充分的考试准备是预防产生过度焦虑的最有效方法，包括知识技能的准备。考生一般都有体会，看到考题不难时，紧张不安的情绪便会随之减少许多，思维也会变得灵活许多。因此，想要有良好的应试状态必须要有坚实的知识作为基础。平时注意知识的积累，掌握一定的应试技能，考前做好系统的总结复习，并针对考试中可能出现的复杂情况进行有目的的训练，对考试做到胸有成竹，考试时焦虑的情绪就会大大减少。

体能的准备。有不少考生在考前拼命复习功课，作息时间颠倒，睡眠不足，又缺乏体育锻炼和文体活动，导致大脑过度疲劳，体能下降，精力不济，头昏脑涨。因此，考前适当休息及体育锻炼，有益于考生保持良好的体能状态。此外，还要保证营养的供给，适当多吃富含蛋白质、维生素的食物，如肉、鱼、蛋、牛奶、新鲜蔬菜、水果等，以保证充足的体力。

新冠肺炎疫情防控的准备。考试之前尽量减少外出，如需外出戴好口罩，做好防护消毒。同时，要充分相信考试组织部门在考试期间采取的各种防控措施。

最后，在考试前一天晚上，应该准备好准考证、文具用品、手表等，避免由于物质准备不足，诱发考场上的焦虑情绪。

二、克服消极意识

考试焦虑也与考生对自身状况评价过低有关。有些考生在临考前常常给自己一些消极的自我暗示，如"我还有很多内容没复习到，这次肯定考不好""万一这次考试失败，我的前途就完了""要是考不好，有人一定会笑我的"等。这种消极的自我暗示，不仅会导致考生考前情绪低沉，而且还会引起体内的保护性反应，产生生理上的不适，如头痛、腹泻等，以此来逃避责任，减轻心理负担。

更为糟糕的是，这些自我意识具有"自我实现"的效应。如果考生在考试之前便预言自己不会取得好成绩，这种消极的自我意识便会使考生精神萎靡不振，将本来该用于复习的时间消耗在忧虑、担心考试结果上，最终考试成绩不理想也会在情理之中。

可见，消极意识是考试的大敌，考生在考前应尽量避免出现这种消极的自我意识。当出现这种消极的自我意识时，可以对不合理成分进行自我质辩，比如对消极的自我意识"离考试时间越来越近，我很担心自己的能力是否可以胜任这次考试"，可进行如下自我质辩："这种担心有必要吗？我认为毫无必要，自己平时一向认真学习，以往的考试成绩也证明了自己虽然没有很高的天赋，但起码也是正常的，自己丝毫不该为这种无端的忧虑而苦恼。"

这种担忧有危害吗？当然有，它对自己当前的复习有百害而无一利。它会松懈自己的斗志，转移自己的注意目标，扰乱自己的精神状态。若不能及时排除这种担忧，到考试时就会影响正常发挥。要牢记：最要紧的是有条不紊地做好复习，既要对考试充满信心，又要扎扎实实地做好各种准备。这样可以帮助考试焦虑者树立正确的自我意识，增强应考信心，缓解或克服考试焦虑。

三、学会自我放松

心理生理学研究表明，焦虑与肌肉紧张相关。考生可以通过自我放松来达到调节情绪的效果，简单的自我松弛方法有：

积极暗示法。如考试遇到难题或不顺利时，可以对自己说"我感到难，别人也肯定会感到难""把复习到的都发挥出来就行了""这次（场）考不好下次（场）还有机会"等。这种积极的自我暗示，可以放松心情，解除紧张情绪。

深呼吸法。遇到情绪极度紧张时，可以停止有关活动，全身放松，双目微闭，做几次慢速而均匀的深度呼吸。呼吸时，大脑最好排除其他杂念，想象所有的紧张随着气流离开了肌体。

肌肉放松法。这是通过循序交替收缩与放松骨骼肌肉，细心体会肌肉松紧程度，最终达到缓解个体紧张和焦虑状态的自我放松方式。放松时，坐在座位上，尽量舒展身体，排除杂念；按照由上至下（头部、颈部、肩部、臂部、背部、胸部、腹部、臀部、大腿、小腿、脚趾）的顺序，先绷紧该部位的肌肉，然后慢慢放松，并体验放松时的感觉。这种自我放松的练习能起到松弛身心，消除紧张心理的效果，并且简便易行，只要集中注意力，排除杂念，定能奏效。

四、调整作息时间

在考前尽量让生物钟和考试时间保持一致。睡前 2 小时尽量不要喝水或吃东西，因为考前紧张本来就容易导致失眠，如果喝了过多的水，或是吃了含水量较大的食物，就更加觉得想上厕所，造成睡眠不足。睡前不要做让人兴奋的事，因为如果睡前精神兴奋，会造成睡眠困难。即使睡不着，也不要着急，闭目养神也是很好的休息方式，只要找一个自己最舒服的姿势，放空大脑静卧就好。如果做不到，不妨放点轻柔的音乐，使大脑随着音乐思考，就不会总是担心第二天的考试了。

如果无论采用什么方法都不能让自己入睡，那么，不要胡思乱想。一些人失眠时往往喜欢夸大后果，例如第二天考试会受影响等，从而加重失眠。短暂的失眠，人人都会出现，并不会对人的生理和心理功能带来太大影响。考前失眠是比较普遍的现象，没关系，并不影响做题！人是有应激功能的，24 小时不睡觉，大脑还能正常工作！坚信偶尔的失眠不会影响考试成绩，即使失眠，少睡一会，只要有毅力就不会摧垮身体。前一天晚上睡意不浓，第二天进入考场，精神高度集中后，完全可以正常考试，不会影响考试的发挥。如果考试前相信这个道理，临考前反而能使自己释然，睡个好觉。

重要提醒：在出现难以入眠的情况时，一定不要焦虑、烦躁，更不要擅自服用安眠药，安眠药的药性，极有可能会影响第二天的正常考试。

心态决定状态，状态影响成绩，祝愿广大考生能发挥出自己最理想的状态。未来可期，最好的，总会在状态良好的时候出现。

（惠淑英　张硕）

人际关系篇

在人的所有生活经历中，最耐人寻味、最丰富多彩的经验，都是和人际关系相联系的。如果我们所处的人际关系是彼此接纳、互相信任和相互支持的，我们就会感到愉快和幸福。

01
人与人最好的相处是让人舒服

有人说过：君子如玉。让人舒服的人就好像一块温润的美玉，即使历经诸多风雨，也不会改变其豁达的胸襟，广阔的心境；即使面对众多刁难，也不会改变其包容他人的本质与真心。让人舒服并不是一味降低自己的底线去迎合别人的需求，而是能够发自内心去顾及他人的情绪，体贴关怀，无微不至。"目中有人才有路，心中有爱才有度。"让人舒服的人，总能给别人带去温暖与爱意，让自己收获钦佩与赞赏。

一、让人舒服是为别人着想

有这样一个故事：一位母亲在裁剪衣服时让女儿给自己递下剪刀，女儿没在意随手就将剪刀递了过去，结果刚好用刀尖戳到了母亲。母亲就告诉女儿，递东西给对方，要心里想着人家接的时候是不是方便。当你把刀尖递过去时，别人还要小心翼翼地转过来，可能不小心戳到别人也不一定。所以下次递东西一定要注意替对方想一想，尤其是刀剪这一类的物品。很多时候，修养就体现在平常小事之中，与学历、才华无关。修养是真心实意的言语，是严于律己的行为，更是一个人内心深处的道德修养与文化底蕴。

"修养不是轻易地从别处买来，贴在身上的调性，而是你本人的生命里侧，皮肤底层，渗透出来的光彩夺目的情操。"真正有修养的人，总能够设身处地地站在别人的角度思考问题，给别人体贴入微的关怀，时刻给别人留一分后退的余地，无声地尊重，不会让别人难堪。

二、让人舒服是顾及对方情绪

真正让人舒服绝不是刻意做作的言语，也不是口是心非的体贴与关心，更不是为了谋取利益时的虚假面容。真正地让人舒服，是发自内心地顾及对方的情绪，不特地给对方难堪，事事挂心，时刻尊重对方。

生活中总有那么一群人，知道别人的缺点就恨不得满世界嚷嚷，将自己的快乐凌驾于别人的痛苦之上。这样的人其实就是心里只有自己没有别人，久而久之就只能孤身一人，接受周围人嫌弃的目光和愤恨的神情。

其实我们每个人都渴望能够被人温柔以待，但只有我们先让人舒服，才会收获对方的爱意与温暖。《菜根谭》中有这样一句话："文章极处无奇巧，人品极处只本然。"

生活不是打擂台，并不需要争个高低，当我们彼此多一分在意，多一分关心，反而能从淡漠的人群中，找寻出彼此嘘寒问暖的真情。

当我们将舒服待人变为自己的本能，便能够轻而易举地打开所有人的内心。

三、让人舒服的处事之道

内心斤斤计较，自然看不得别人好，待人没有容人的度量；内心虚怀若谷，自然看人事事顺意，待人顺心舒服。

那怎么样才能待人舒服呢？

（1）常念人恩。

人与人之间的情感是互通的，我予你一碗清水，你赠我一夏清凉。

感恩生命中出现过的所有人，是他们充实了我们的时光，让我们对未来有着无限憧憬。

（2）学会欣赏。

一个真正能够欣赏对方优点的人，为人必定谦逊，处事必定大气，胸襟必定宽广。

当我们学会了欣赏他人，自然也会收获他人对自己赞赏与赏识。

（3）将心比心。

有人说：能感受别人的难处是关怀；能体谅别人的不易是宽厚；能饶恕别人的错误是大度。

当我们明白了只有真心才能换来真心，待人舒服体贴就不再是一件难事了。

让人舒服是一个人了不起的能力，更是一个人的顶级修养。

这世上的每个人都值得被温柔以待。愿我们所有人在善待他人的同时，也会收获更多的温暖与爱意。

（惠淑英　王毓成）

02
这样与人相处才会久处不厌

白居易在《太行路》中写道:"行路难,不在水,不在山,只在人情反复间。"人与人相处,向来都是微妙的,要有极好的分寸感,有时一句话可以让人如沐春风,有时一个表情却令人敬而远之。

一、不随意探听他人隐私

每个人都有自己的隐私,就像上了锁的日记,不想被人触碰,更不想为人所知。打听别人秘密的人,易招人怨,关系再好,也别碰隐私,例如收入情况、身体状况、感情状况、孩子的成绩等,一旦对方觉得被冒犯到,必会心生嫌隙。有些事情,别人愿意讲,自然会主动讲出来,别人不愿意讲,就别傻傻问个不休。如果别人对你说了自己的隐私,那是对你的信任,不要告诉第三人。你不尊重别人的隐私,即便是再亲密的关系,最终也会分道扬镳。多专注自己,少窥探别人,真诚待人,注重分寸,关系才能长远。

二、开玩笑要适度

　　风趣幽默的人，自带好人缘，更容易受人欢迎。玩笑开的好，可以活跃气氛，营造一个轻松愉悦的交际氛围，但如果没有拿捏好分寸，玩笑开过了火，则会适得其反，伤害感情。开玩笑要有分寸，把握好度和界限，不要开低俗的玩笑，令人难堪；不要在开玩笑时夹枪带棒，指桑骂槐；不要借开玩笑的名义，对人冷嘲热讽。开玩笑要区别对象，对朋友能开的玩笑，未必适合对长辈。开玩笑也要看清场合，不分场合地乱开玩笑不是幽默，是没教养。

三、别总向身边人传递负能量

　　一个人向你大倒苦水，开始你会同情他的遭遇，耐着性子听他倾诉。如果这个人持续不断、隔三岔五向你传递负能量，你还会同情他吗？成年人的世界，没有谁是容易的，每个人都在生活的苦海里泅渡，在你向他人抱怨的时候，或许对方也正处在水深火热之中。人世间的苦难，除了自渡，他人爱莫能助。迷茫时读书，难过时运动，低谷时沉默，独处时自省。人总要学着长大，变得成熟，学一点解决生活中的难题。与其做一个负能量的传播者，不如努力做一个负能量的消灭者。

四、不要轻易干涉他人的选择

　　成年人的世界里，很多选择都不是"明天中午吃米饭还是馒头"

这样简单的，每一个选项的背后，都有需要承担的代价。不要把自己的意愿强加于人，毕竟你无法为他人的人生负责。一位哲人曾说过："人生这场旅行，不是所有人都会去同一个地方。"人生这场答卷，每个人拿到的题目都不同，不要用自己的标准，去批改别人的答案。

五、不要轻易评价一个人

有这样一段话让人深有感触："我们生活在不同的世界，你生活在一艘豪华的大船上，船上什么都有，有一辈子喝不完的美酒，还有许多跟你一样幸运登船的人。而我抓着一块浮木努力漂啊漂，海浪一波一波拍过来，怎么躲也躲不掉，随时都有被淹没的危险，还要担惊受怕有没有鲨鱼经过。你还问我，为什么不抽空看看海上美丽的风景？"有的人总是站在自己的角度来随意揣测、评价他人，将自己的想法强加于人。你永远不知道别人经历了什么，也不知道一件事背后所有的真相。你眼中的吝啬鬼，也许他只是喜欢节俭的生活；你眼中凶神恶煞的人，也许在危机时刻却正义感爆棚；你眼中性格内敛的人，也许他只是在你面前沉默寡言……不乱评价别人，不轻易对别人下判断，不在人后说闲话，少去想别人如何，就是好人的做法。静坐常思己过，闲谈莫论人非，是行走世间最大的本分。

六、不要总想在言语上胜过别人

永远不要正面违拗别人的意见。生活中就是有这样的人，无论你说什么，他都要反驳你。生活不是辩论场，没必要分个你输我赢。把辩论赛的那一套拿到日常人际交往中，不仅不会让别人觉得你厉害，只会觉得你自以为是、偏执狭隘，对你心生反感。始终在言语上胜人，除了满足一点虚荣心，再毫无意义。和亲近的人言语争锋，怎么争都是错；和无关紧要的人争辩，是白白浪费精力。不要总是以口舌争胜，学着去安慰，去倾听。安慰，永远比指责更动人；倾听，永远比诉说更暖人。多给对方一点优越感，关系才能更亲密一点。周国平曾说："一切交往都有不可超越的最后界限。在两个人之间，这种界限是不清晰的，然而又是确定的。一切麻烦和冲突都起于无意中想突破这个界限。"再好的关系，如果不懂得去维护，一再越界，都只会把对方推远。只有站在对方的角度，让人相处舒服，才能久处不厌。

（惠淑英　刘子媛）

03
常怀欣赏他人之心，朋友自然遍布天下

欣赏，是一种能力，更是一种境界。懂得欣赏别人的人，才能得到别人的欣赏。欣赏别人的过程也是不断自我完善的过程。

一、学会欣赏别人，才能看到他人的精彩

有这样一则寓言故事：

院子里有两棵树，一棵是柳树，另一棵是枣树。柳树婀娜多姿，很漂亮；枣树树干无形，很丑陋。柳树就嘲笑枣树："你的样子真丑，看我多漂亮！"转眼秋天来了，枣树结出了又大又红的枣子，而柳树却走向了枯萎。柳树就问它："你怎么不笑我结不出果？以前我总是看不惯你。"枣树听后对他说："虽然你结不出果，但是你发芽快，绿得早，你有你的长处呀。"柳树听后，羞愧极了。很多时候，我们和柳树一样，总看着自己的长处，却一味盯着别人的短处。《庄子·齐物论》有记载："物固有所然，物固有所可。无物不然，无物不可。"世间万物都有它存在的价值和意义，为人处世要懂得尊重不

同，接纳不同。著名的"托利得定理"认为：一个人的智力是否属于上乘，就看他脑子里能否同时容纳两种相反的思想，而无碍于其处事行事。越是智者，接纳能力越强。世界就像一个万花筒，心中有什么，你就会看到什么。局限于自己的世界，就看不见外面的精彩；不懂得欣赏他人，就只能活在偏见与狭隘之中；只有懂得欣赏别人，才能赢得别人的尊重与敬佩。

二、学会欣赏别人，总能收获美好

懂得欣赏的人，眼中有风景，心中有天地，无论在何时何地，总能看到美好的一面。有这样一个故事：一对白人母子打车，坐上一辆黑人司机的车。小孩问妈妈，为什么司机的皮肤是黑色的？妈妈想了想说，"那是上帝想让世界变得缤纷多彩。"下车时，黑人司机坚决不收钱，他说，"小时候我问过同样的问题，可妈妈告诉我，因为我们是黑人，天生低人一等。我想如果当时我妈妈也如此回答，我或许会过得更好。"一句赞美的话，可以影响别人的一生。世界本来就丰富多彩，人也各有千秋。用欣赏的眼光看世界，是一种智慧和善意；用欣赏的心态生活，更是一种境界。抛开偏执和狭隘，学会欣赏不同的人，你会发现不同的美；用温柔和善意拥抱世界，我们才会拥有整个世界。正如卡耐基所说："欣赏别人，是一种气度，一种智慧，一种境界。"懂得欣赏的人，拥有包容的胸怀和非凡的睿智，能从沙砾中找到珍珠，能从绿叶中寻到鲜花，能看到他人的长处，更能看到生活中的诗意。

三、学会欣赏别人，才会被别人欣赏

印度古谚："赠人玫瑰，手有余香。"你若付出美好，世界自会回馈你美好；当你用欣赏的眼光看待别人，也会迎来别人欣赏的眼光。克林顿·希拉里讲过一件事。一个春天，她和爸爸逛公园时，看见一位老太太，裹着厚棉衣，还围着毛皮围巾，就像在过寒冬一样。她告诉爸爸，那位太太看着奇怪又可笑。爸爸听完后，严肃地说道："希拉里，你缺少一种欣赏别人的本领！这说明你和人交往，不够热心，也缺少友善。"希拉里很不服气。爸爸说："她可能是大病初愈。你仔细看，她赏花的表情是不是安详愉快，她的神情令人感动，你不觉得吗？"希拉里重新观察了老太太，果然她的神情安详静谧。希拉里走到老太太跟前说："夫人，您欣赏鲜花的神情令人感动，您使春天更美好了。"老太太激动地连说谢谢，从包里取出饼干送给希拉里，并夸赞道："这孩子真漂亮！"在爸爸的影响下，懂得欣赏别人的希拉里取得了惊人的成就。学会欣赏，是最好的与人交往之道。正如一句名言说的那样："以一双孩子的眼睛，对世界保持欣赏，是人们最好的修养。"当你学会欣赏别人，你才能得到别人的赞扬。人与人交往，往往始于欣赏，终于人品。做人常怀欣赏之心，朋友自然遍布天下。《孟子·离娄章句下》记载说："爱人者，人恒爱之；敬人者，人恒敬之。"你怎样对待别人，别人就会怎样对待你！从今往后，去善于发现生活的美好，懂得欣赏别人，你的人生就能越走越远，越走越顺！

（惠淑英 王毓成）

04
真正的朋友是沟通心灵的兴奋剂

创造一个由知心朋友构成的称心的生活圈子并不容易。真正的朋友就像是星星，不一定总能见到他们，但当遇到黑暗时，他们就会出现。

什么是真正的朋友？

一、真

做人要真，说真话，做实事，才能让人信得过。

有很多良友，胜于有很多财富。良友，都是让人放心的，和这样的人相处，你不必担心事情没着落，更不必苦恼消息没回应，他们拥有一颗真心，你若诚心诚意，他们必会用心相待。

交朋友，看的就是对方身上有没有"让人放心"的能力。

那些无论顺境逆境，都不改英雄本色的人，够真，够靠谱。

二、懂

真正的朋友是那种不喜欢多说，但能与你息息相通的人。

真朋友，从不用巴结讨好，更不必分秒联系，但在你需要的时候，他都会陪伴你左右，你不必多说，他都能懂。这样的人心思细腻，懂你心中所想，是真正的灵魂之交。

世间人来人往，有的人路过不留痕迹，而有的人却能走进你的内心。与人结交，贵在能交心、能知心。

三、礼

人活于世，再穷不能坑朋友，再苦不能没底线。

做人要懂得换位思考，真心实意地站在对方的角度着想。

诚然，朋友应该是那个危难之际拉自己一把的人，可即便关系再好，也该懂礼，也该守分寸。

做人做事，都要以"礼"为先，以"德"服众。

四、善

交朋友，最怕的就是遇到当面一套、背后一套的人。这种人，表面和你相谈甚欢，转身就和别人说你坏话，人品极差。他们心里装了太多的算计，你的付出，你的包容，他们根本不会放在心上。

遇上这种人，一定要趁早远离。

真正的朋友，应该是良善的，是知感恩的。他们身上没有八面玲珑的圆滑，而有一种推己及人的善良。和这样的朋友交往，没那么多猜忌，有话就能直说，有心事就能吐露。

真朋友，说的做的都是在为你好。这世上，有人金玉其外，败絮其中，有人沉默不语，但内心热烈。幸运的是，我们有权选择自己的朋友，更有权优化自己的人生。

与我们关心的人和关心我们的人一起分享我们生命里的经历、想法及感受，可以增加生活的意义并安抚我们的痛苦，让我们感到这个世界充满了快乐！

真正的朋友是化解困难、沟通心灵的兴奋剂。

（惠淑英　张洪铭）

05
"黄金法则"让人际关系更和谐

人际关系是人与人在沟通与交往中建立起来的心理上的联系，没有人际交往就没有人际关系。作为一个生活在社会中的人，我们在生活中必然面临着与他人的交往。在人的所有生活经历中，最耐人寻味、最丰富多彩的经验，都是和人际关系相联系的。如果我们所处的人际关系是彼此接纳、互相信任和相互支持的，我们就会感到愉快和幸福；如果我们所处的人际关系是彼此防御、缺乏信任、淡漠拒斥的，我们就会感到非常痛苦和难受。

和谐的人际关系不是凭空出现的，需要我们用心去创造和维护。坚持人际交往的"黄金法则"能让我们与他人的相处更和谐，至少让我们自己的内心更和谐。

所谓"黄金法则"是"像你希望别人对待你那样去对待别人"，即你希望别人怎么对待自己，自己就怎么对待别人。生活中，当我们遇到困难或挫折时，总是很渴望有人能伸出援手帮我们渡过难关，所以，当我们身边的同事、朋友遇到困难或挫折时，我们应该果断出手相助，这就是对"黄金法则"的遵循。

但是在生活中，我们却经常发生"反黄金法则"的情况。"反黄金法则"是"你希望别人像你待他那样待你"。即你怎么对待别人，也希望别人怎么对待你。

生活中，当我们身边的同事、朋友遇到困难或挫折时，我们曾果断出手相助过，有一天当自己遇到困难或挫折时，就会很渴望有人能伸出援手，尤其是对那些我们曾经出手相助过的人满怀期待。如果此时，我们曾经帮助过的人也不惜一切倾力相助，我们会感受到来自友情的力量和温暖；如果此时，期待落空，无人相助，甚至连昔日被我们帮助过的人也没有伸出援手的话，我们会做何反应呢？有人可能会愤怒，愤怒对方的忘恩负义；有人可能会失望，失望人情的淡薄冷暖；也有人会悔恨，悔恨自己交友不慎。这都基于"反黄金法则"的认知观：我帮助过他，所以他必须帮助我。

当我们冷静下来思考时，会发现其实这种认知逻辑是不正确的。别人之所以不能如我们所期待的那样帮助我们，可能与他的性格、处世风格有关，也可能因为有难以诉说的苦衷。没有人有义务必须帮助我们，如果帮助了，我们应该感恩感谢；如果没有帮助，也是情有可原。当我们思考问题的立场改变了，当我们内心的期待降低了，我们的愤怒、失望、悔恨也会随之消失。这时，我们再秉承"黄金法则"，像我们希望别人对待我们那样去对待别人，至于他会不会回报我们，那是他的事情，我们不再强求。这样，我们在收获内心安宁的同时，也收获了人际关系的和谐。

（杨洁 胡剑）

06
尊重是心灵与心灵交流的阶梯

尊重,是一种修养,知性而优雅;是一种平等,不卑不亢;是一缕清风,舒适而沉醉;是一种温暖,感动而快乐。尊重别人,就是尊重自己。

一、尊重是对对方的一种肯定

尊重是一种平等的社交方式,是在维护对方尊严的基础上,对对方的一种肯定。

一个颇有名望的富商在散步时,遇到一个瘦弱的摆地摊卖旧书的年轻人,他缩着身子,在寒风中啃着发霉的面包。

富商怜悯地将8美元塞到年轻人手中,头也不回地走了。没走多远,富商忽又返回,从地摊上捡了两本旧书,温和地说:"对不起,我忘了取书。其实,您和我一样也是商人!"

两年后,富商应邀参加一个慈善募捐会,一位年轻书商紧握着他的手,感激地说:"我一直以为我这一生只有摆摊乞讨的命运,直到您亲口对我说，我和你一样都是商人，这才使我树立了自尊和自信，创造了今天的业绩……"

不难想象，如果没有那一句尊重鼓励的话，这位富商即使当初给年轻人再多的钱，年轻人也许都不会发生后来的变化，这就是尊重的效应。

二、尊重是一团温暖心灵的火

尊重是一朵开在心间的花，是一团温暖心灵的火，是一缕春风给人送爽，是一股清泉沁人心脾。

朋友的帮助是尊重，老师的鼓励是尊重，人们的赞许是尊重，父母的包容也是尊重。

现实生活中，我们常常会在不经意间做出不尊重他人的行为。比如：认为是朋友，就毫无顾忌，不给对方留有足够的心理空间；与人交谈时，只顾自己侃侃而谈，不给对方表达的机会；在听别人倾吐心声时，东张西望、左顾右盼、心不在焉；对诚恳批评自己的人耿耿于怀，做出不文明、不符合身份的举动，让对方感到难堪；等等。

三、尊重是一种平等相待

尊重是一种修养、一种品格、一种平等相待，一种对他人人格与价值的充分肯定。

人无完人，我们没有理由以苛求的目光去审视别人，也没有资格用睥睨的神情去嘲笑别人。既不能用傲慢和偏见去伤害别人的自尊，也不能用嫉妒和诽谤去打击别人的自信。

一个懂得尊重别人的人，一定能赢得别人的尊重。

约翰·高尔斯华馁曾说过："人受到震动有种种不同，有的是在脊椎骨上；有的是在神经上；有的是在道德感受上；而最强烈的、最持久的则是在个人尊严上。"

有些人找朋友，只想找一个听众，把自己的烦恼、想法倾泻一番，却从来不想听一听别人的烦恼和想法。

只有互相尊重，才能达到心灵与心灵的交融。

（惠淑英　李晓圆）

07
构建社会支持系统，充盈内心力量

你有没有过这样的体验：在夜深人静，情绪低落时，翻遍手机里的电话簿，却没有一个可以拨出去的号码。如果有，说明你还没有自己完善的社会支持系统。

社会支持系统是一种特定的人际关系网络，是一个人在自己的人际关系网络中所能获得的、来自他人的物质和精神上的帮助和支援，是个体应对压力的重要外部资源，也是我们健康生活的一个重要保障。系统中的个体能进行各种信息交流，这些交流使个体相信自己是被关心的、被爱的、被尊重的、有价值的。

当我们处于逆境时，良好的"社会支持系统"可以给我们信心和力量；当我们处于顺境时，"社会支持系统"同样可以带给我们快乐和充实。在积极的社会支持系统中获得的温暖、爱、归属感和安全感，是我们内心深处最需要的慰藉。不管遇到什么困难，都能获得最有力的支撑，还有什么比这种感觉更能充盈我们的内心呢？

现在，请拿出纸和笔，一起寻找自己的社会支持系统：

（1）单位的领导中，你最喜欢谁？

（2）为商讨一个新观念，你会找谁？

（3）郊游消遣时，你想与谁为伴？

（4）经济拮据时，你会向谁开口？

（5）被困孤岛时，你渴望谁在身边？

（6）倒在病床时，你喜欢谁照顾？

（7）当你婚恋失败时，你会向谁倾诉？

（8）如果你与家人吵架了，你会向谁倾诉？

（9）当你获得某项成功时，你会与谁分享？

（10）假如你考核成绩不理想，你会向谁说？

（11）当你在训练和工作上遇到问题时，你会去向谁请教？

（12）当你面临选择时，你会找谁征求意见？

（13）假如你长期外出，你的用品托谁照管？

（14）搬家时，你会找谁帮忙？

（15）为完成一个重要使命，你会找谁协助？

看看上面列出的15个问题中，你列出了多少个人。

如果少于3人，说明你的社会支持系统很不完善；如果有3~5人，说明你的社会支持系统不太完善；如果有5~8人，说明你的社会支持系统比较完善；如果有 8 人以上，说明你的社会支持系统非常完善。

不妨检查一下自己的社会支持系统，改善它，完善它，既让自己有人可想，也让别人可以想起你。良好的社会支持系统是我们心理的有效缓冲器。大量研究表明，在同样的压力情境下，那些受到来自伴侣、朋友或家庭成员等较多社会支持的人，比很少获得类似社会支持的人，心理的承受能力更大，身心也更为健康、快乐。

（惠淑英 李婉钰）

08
社交"断""舍""离"，
不必把太多人请进生命里

　　作为一种高智商的群居动物，朋友是人类社会永恒的话题。没有人能离开朋友，我们每个人都需要结交更多、更好的朋友，不断扩充自己的交际圈，为生活和事业提供帮助。但是，当你拿出太多的精力来经营人际关系时，你会发现自己好像患上了劳而无功的"社交过度综合征"：每天3小时甚至更多的时间都在进行各种互动行为，比如参加聚会、微信聊天、刷新朋友圈等；只要有空闲时间，就会不由自主地掏出手机，看看有什么新消息，或者更新自己的状态；如果没人可以说话或聊天，几小时甚至几分钟后就会感觉不舒服……

　　社交过度的直接后果就是自己可支配的时间被浪费，而这些宝贵的时间原本可以用来思考、读书、健身、培养兴趣、提升自我、休息放松等。为了让自己从过度的社交状态中摆脱出来，你应该制订新的社交策略，找回失去的时间，专注于自己真正重要的事情，也就是社交"断舍离"。

第一步：为通讯录做"减法"，控制在 150 人以内。请合并那些姓名相同却有多个号码的人，删掉那些你已经半年没有联系并且已经记不起他是谁的人，剔除那些你认为双方没有共同话题并且互相讨厌的人。同时，要设置"备注"的选项，对于一些不太熟悉的名字，简要记录他们的身份、背景以及你们之间的关系。

第二步：区分"工作关系"和"生活中的朋友"。尽量不要让同事进入私人生活，也不要将好朋友变成事业伙伴，因为同时兼顾友情和工作并不容易。而当友情和工作不得不杂糅在一起时，提前"约法三章"是非常有必要的，比如，工作中各自对自己的部分负责，不要把私人关系搅和进去；在生活中尽量避免谈论工作，工作的内容应在办公室内解决；等等。

第三步：列出可以随时联系的人。那些节假日很少发祝福短信，平日里也很少打电话嘘寒问暖，但在你遇到麻烦时却能半夜打通电话的人，才是最值得珍惜的朋友，也是生命中不可或缺的一部分。即使这样的人不足 5 人，也请把 80% 的精力留给这些真正重要的人，闲时品茶论交，忙时浅语问候。

第四步：规划你的社交时间。我们需要的不是认识多少人，而是多少人看中你。不要在社交互动中流连虚度，多腾出一些有价值的独处时间，读一本好书、学一门精品课或者掌握一项技能。当你通过努力成为优秀的人，自然会有同样优秀的人愿意与你为伴。

第五步：想一想，你的电话有多久没关机了？事实上，对别人来说，你根本没那么重要，地球离了你也照样会转。如果你发现自己有轻度的"手机焦虑症"，从现在开始就要有意识地控制自己，戒掉手机瘾，暂离世界的浮躁和喧哗，进行深度思考和感悟生活。

第六步：减少社会曝光，保持适度神秘感。在公众场合和互联网络中尽量少地或者不要透露自己的信息，尽量不要成群结队地出行，光芒乍现、特立独行才有更强的吸引力。当你为自己成功地营造出一种神秘感时，别人会自发地被你吸引，从而主动地向你靠近。

总而言之，社交"断舍离"的核心点是别把有限的时间浪费在无谓的人所发生的无谓的事情上，即：断绝不必要的联系，舍弃多余的应酬，脱离对人际关系的执念。

生命无须过多陪衬，需要的仅是一种陪伴。在懂你的人群中散步，跟让自己舒服的人在一起。亲人也好，朋友也罢，累了就躲远一点，取悦别人远不如快乐自己。不管做什么，都要给自己留点空间，以便从容转身。生活不能太满，人生不能太挤，生命无法承载太多人的搅扰，所以，不必把太多人请进生命里！

（谢丽平 赵胜豪 胡剑）

09
告别讨好型人格，爱己爱人爱生活

在生活中，你是否时常经历以下几种情况：

别人拒绝你时轻描淡写，你拒绝别人的时候却感觉自己犯了天大的错误。

不善于拒绝，哪怕你并不情愿，也因害怕引起对方的不满而选择迁就。

与人交往时，总反思自己的言行举止是否恰当。

总是担心会打扰别人，害怕别人觉得自己烦。

微信聊天经常撤回，朋友圈的文案反复斟酌。

如果以上场景总是在你的生活中出现，而你深受其扰却又不知如何是好，那你可能正在慢慢陷入讨好型人格当中。

讨好型人格是一种一味地讨好他人而忽视自己感受的人格，是潜在的不健康行为模式，而非人格障碍。很多人会因为过分追求他人的欣赏与肯定，希望身边人都能喜欢、接纳自己，而不自觉地养成讨好他人的习惯，进而演变成讨好型人格。

讨好型人格背后的心理逻辑其实不难被参透：以为把自己的姿态放得很低就能赢得他人的喜欢，只要迎合就会被他人认可。本质上，这是一种自卑和不自信。

讨好型人格的成因有很多，原生家庭的教育方式、对于被拒绝的错误认知以及自身性格等因素，都可能造成一个人对被他人认同的过分渴望。但实际上，一味地讨好别人，并不能真正地得到对方的喜爱和认同。可能你越讨好，别人就越不尊重你。一旦形成习惯，可能你稍微表示出拒绝，就会遭到比普通人更多的不满和非议。有人说讨好型人格是因为心底的善良，因为这种人格的人会去考虑别人的感受。但这样的"善良"是被扭曲的，过度的"换位思考"对自己和他人都是一种负担。

那么，陷于讨好型人格之后，又该如何改变自己的错误思维呢？

首先，正确的认知非常必要。你需要明白，被人喜欢不是必需的，但接纳自己是必须的。不要遇事就全盘否定自己，关注自己值得肯定的地方，找到自我实现的价值所在。多同朋友交流，从批评中了解自己的状态，从夸赞中汲取前进的动力。

其次，设立边界和底线。当你深陷一种状态时，控制自己就不是一件简单的事，这时，分寸感和不为他人动摇的底线就显得尤为重要。无条件的退让只会纵容对方，只有当你坚守自己的底线，才不会陷入讨好的怪圈；只有当你把控好交往的分寸，对方才会理解你、尊重你。

然后，尝试建立预演反应模式。有时，虽然能够意识到讨好行为对自己有负面影响，但往往很难避免这种倾向。所以可以在讨好行为发生前，在脑海中想象发生的场景，并且模拟出你恰当的反应，避免因慌乱而重蹈覆辙。

最后，解决讨好的最好办法是让自己变得优秀。与其花费精力去讨好别人，不如用来提升自己。把生活的重心放在自己身上，做自己想做的事，提升自己的能力，哪怕你不讨好别人，别人也会因为你的优秀而敬佩你。

不讨好，不勉强，不凑合。当你足够努力、足够优秀时，你会发现，不必低头，自己也是风景。我们总是想着去怎么讨好别人，却忘了我们最该"讨好"的人是我们自己。先爱己，后爱人，摆脱讨好型思维，只有自信努力的人才会得到他人的认同和尊重。选择好最适合自己的方向开始奔跑吧，生活本身可能会很沉闷，但是跑起来，一定就会有风。

（林相楠　董萌）

自我成长篇

成长是无尽的阶梯。一步一步地攀登，回望来时路，会心一笑；转过头，面向前方，无言而努力地继续攀登。

01
挖掘未知优势，成为更好的自己

如果现在请你说出自己的 10 个优点或者长处，你是否能很快地回答出来呢？可能大多数人在回答这个问题的时候，都需要一段时间的思考。这很正常，因为我们大部分时间都在关注我们自身的缺点并加以改正，而忽略了自身特有的优势。

管理学中有一个经典的"木桶理论"，一只木桶能盛多少水，并不取决于最长的那块木板，而取决于最短的那块木板，这也被称为"短板理论"。因此，每个人都在思考自己的"短板"，并尽量补足它。一个人存在某些缺点、不足，是很正常的。当这些缺点、不足对自身和他人不会带来危害时，可以不必过多去关注。如果一个人花大量的时间和精力来弥补短板，去做自己不擅长的事情，最终导致的结果会是不适应，有英雄无用武之地之感。只有充分挖掘自身的优势和长处，并把它发挥到极致，运用长板理论，才会使自己更优秀。

那么，如何找到自己的优势呢？

请你回答下面的问题，答案可能就会浮出水面。

（1）在你人生的低谷期，是什么在支撑你走出来？

（2）哪些瞬间会让自己感到强大？

（3）什么事情宁愿放弃休息也要做？什么事情可以让自己废寝忘食？

（4）什么时候最有成就感？

（5）有什么东西在你生命中屡次出现，而且让你感到快乐？

（6）你能教别人什么，什么话题你更有自信？

（7）你的什么感觉最敏感，是嗅觉、听觉、味觉还是触觉？

（8）你喜欢做什么类型的工作？

（9）什么样的工作会让自己做得更好？

（10）说出5项可以向他人推销的你的才干。

（11）描述让你最开心/感动的经历。

（12）在过去的经历中（学习、工作、生活等），你学到了什么？

（13）你最欣赏自己对同事、同学、朋友的态度是什么？

（14）你最欣赏自己对家人的态度是什么？

（15）你最欣赏自己对工作、生活的态度是什么？

（16）你最欣赏自己的一次成功是哪一次？

（17）你最欣赏自己外表的哪里？

（18）你最欣赏自己性格的哪一方面？

（19）你最欣赏自己的爱好是什么？

（20）你最欣赏自己的能力是什么？

通过审视自己的过去，在自己的经历中寻找线索，真诚地回答以上问题，相信你会发现自己的优势。

找到了自己的优势，确定未来哪个优势有利于自我发展、自我成长，接下来就是考虑如何把这个优势发挥到极致，成为更好的自己。

（惠淑英 麻雨洁）

02
多跟自己沟通：我是谁？

人能意识到的常常是自己的行为和因行为引发的故事，而那些关于自我重要的部分却深藏在我们的潜意识里面。除非我们找到了和自己潜意识沟通的途径和方法，否则，我们就很难发现在我们的行为表象下面那些深层次的需求、动力和资源。

下面提供一套简易的沟通方法，你可以在尝试中，运用和体会它，也许会给你带来的一些新的惊喜。

现在让我们试着和自己的潜意识建立一份联系，看看我们会有什么新的发现。首先，我们需要一个安静的环境坐下来，然后慢慢闭上眼睛，做几次深呼吸，让自己的心平静下来。身体完全放松，才能更好地觉察和感受自己的内心，并和潜意识进行连接，这是一个自我探索的过程。现在感受自己的身体，看看哪一部分还有紧张，然后将注意力集中到那个部分，默念"松"，去放松它。当身体完全放松的时候，就是你准备好了的时候，你就可以在心中默默地问自己了。

一、探索你的人生目标

你可以在心中默念:"我的人生目标是什么?"这样问自己的时候,也许你会感觉很清楚,也可能感觉很茫然。没关系,这毕竟是我们人生中最重要的命题,不要急于找到答案,只是慢慢地放松自己,让那个"目标"自己呈现出来,让自己看到它,直到看得很清晰。不要试图去探寻为什么是这样的目标,这一刻出现的目标自然有它出现的理由和价值。如果你一直没有目标出现,那就试着问自己:"我最近要实现的一个目标是什么?"无论这个目标是大是小,只要它是你真正想要实现的目标就行。当你能够清晰地意识到它的时候,在内心中带着爱的情感去拥抱它,并感激潜意识告诉你的一切。

二、探索你所处的环境

当你心中有了自己目标的时候,你要带着这个目标回到你的生活环境中,想象现实中和这个目标相关的要素都有什么?你同样可以在心里默默地向自己提问:"我想在什么时候完成目标?在完成目标的过程中,有哪些阶段性的划分会让我知道完成目标的进度?这个目标牵涉到什么事?什么物品?哪些人和我要实现的目标有关联?"当然你不用着急,你有很多时间,所以允许自己慢慢地将环境因素一一地想清楚。这个过程会帮助你找到你的起点。只有当你看清楚起点后,你踏出的步子才会坚实而有力。

三、探索你的行为

现在想象从你所处的环境出发，朝你的目标开始前进。同时，开始和自己的潜意识沟通："我以前是怎样做的？我一直沿用着怎样的行为方式？这些行为方式的效果如何？我现在要怎样做？我可以有怎样的改变和新的尝试？这些行为是否符合'我好、你好、世界好'的原则？我还可以做哪些调整？"同样，你不用着急，慢慢让自己想清楚，然后再往下进行。

四、探索你的能力

此时，你已经想好了行动的计划，接下来你要清楚的是你自身拥有的能力。继续和自己的潜意识沟通："我现在拥有哪些能力？要实现我的目标，我还需要获得哪些能力？哪些能力的提升对实现我的目标帮助最大？我如何获得这些能力？"慢慢地完成对这些问题的探索，并想象着当你拥有这些能力的时候，那种充实和力量感。

五、探索你的信念、观点和价值

你可以选择这样的问话："关于这个目标我有什么信念？哪些信念是支持我实现目标的？哪些信念是限制性或障碍性的？它们曾给过我怎样的支持和保护？我在什么时候用到它们？"也许你还可以探寻得更深一些："我是怎样看待这个目标的？这个目标对我意味着什么？我是否值得为实现它而付出努力？当目标实现时，我如何知道？我期待什么样的结果？我想要的是什么？为什么它对我如此重要？这个结果能给我带来什么？什么是我渴望的？我内心需要的到底是什么？"慢慢完成这些探寻,耐心等待潜意识回应给你的信息。

这些信息，也许是语言可以描述的，也许是你的身体可以感觉到的。同样，假如在这个过程中你意识到自己身体有紧张的部位，就将注意力集中到那一部位，然后，做几次深呼吸，放松它。你要做的就是，不断地对自己的潜意识发出邀请，让潜意识发出的信息慢慢浮现出来并让你感觉到。无论潜意识传递给你的是你能理解的语言信息，还是你不理解的其他信号，比如图像和符号等，又或者带给你的只是你身体的感觉，你只管全部接收它，一直到你感觉收到了潜意识给你的足够的信息。

六、探索你的感受

沟通到这里，通常你对自己深层次的探索开始有了兴趣。对有些人来说，他们从来没有这样深入地发现和探寻过自己。有些人进行到这一步时，会体验到兴奋、激动、难过、忧伤、麻木……无论是怎样的情绪和感受，不用担心，让自己去感受它。现在是时候去察觉一下自己的感受了。

试着问自己的潜意识：

（1）我正在体验怎样的感受？

（2）当我想起我的过往生活经历时，我有什么感受？我一直被怎样的情绪左右？

（3）我的气愤、恐惧、激动、兴奋是不是我的一部分？当我感觉到它们时，它们在告诉我什么？

（4）哪件事情给我的感受最深？

（5）那件事是如何影响我的？

（6）我还有其他感受吗？

（7）我通常是如何对待我的感受的？

（8）当那些情绪和感受出现时，我做了什么？

（9）当我能够看清自己的感受时，我还可以怎样看待我的感受？

完全和自己的感受在一起，体验它，接受它。记住感受本身就是潜意识给我们发出的信息，它一直在提示我们该怎样做出调整。也许以前我们忽视了它，现在让我们去体验它吧，它对我们是那样的忠实。在这一刻你终于发现，其实它一直都和我们在一起，让我们对自己的认识又深入了一层。当我们可以很好地解读自己的感受时，我们也可以更好地体会别人的感受。

七、探索你的身份

这一部分的探索潜意识给我们的回应常常是非语言的表达，所以你得到的信息也许并不能让你的理解更清晰，但它的重要性足以值得你去探索。无论潜意识给你的是什么提示，相信自己能够收到它提示的意义。

只要放松自己，将注意力集中在潜意识的所在，然后反复和自己的内心沟通：

（1）我是一个怎样的人？

（2）我的人生是如何的？

（3）我有怎样的使命？

（4）我有哪些角色？

（5）我的目标怎样帮助我实现我的使命？

这些问题你可以反复地问自己，然后放松身体看看潜意识给你怎样的回应。你是否意识到了你的独特性？你是独一无二的，这个世界上没有人和你完全一样，当然有些人有一部分和你一样，但和你完全相同的人永远都不会有。如果此刻你意识到了这一点，请你用欣赏的眼光看自己吧。没有必要和任何人去比较，这个世界也没有任何一个人和你形成真正意义上的竞争。作为独一无二的生命，你本质上体现着完美和纯净，尽管你有时也会有一些不好的行为，但现在你有能力将自己独特的完美特性和你偶尔不好的行为区分开来。你由此感到一股来自内在的巨大能量，并将你整个身体和精神整合在一起。你意识到了自己力量的源泉，它来自我们与自己本质的联结，这种联结从根本上而言是精神上的。

八、探索你和世界的关系

现在让我们走入自己的内心，去体验自己和世界的关系。继续放松自己的身体，进入内心世界，去探索：

"现在让我知道我的存在对这个世界的意义，我将会对世界产生怎样的影响？"

（1）我是怎样和这个世界联结在一起的？

（2）我的生命的能量来自哪里？

（3）我生命中最深层次的力量和资源是怎样的？

（4）让我体验和这个世界合二为一的境界吧。

在这个过程中，不要刻意地思考任何事物，只要保持身体的放松。不要试图用语言理解潜意识给你的信息，事实上有些信息是不能用语言解释的。也许你收到潜意识给你的信息是一个画面、一道光束、一些声音，也许你的身体体验到的是一种从未有过的感觉……现在再一次做几个深呼吸，当你吸气时，注意体会这份感觉在你的身体里流动、膨胀，让你感到充盈而温暖。

以上的练习你可以重复做，它会让你对自己有更深的认识，让你不断感受内在力量的汇聚，使你能够看清自己的心理欲求，并能够妥善处理。

（惠淑英　王选达）

03
认同自己是增添幸福感的一剂良方

  你有没有这样的时刻：与人交往发生分歧时，害怕进一步交锋导致关系出现裂痕，于是自我退让委曲求全；公共场合说错话时，感觉时空瞬间凝固，找不到得以脱身的出口，甚至在此后很久还耿耿于怀；检验工作成果时，一旦达不到预期效果，忍不住自怨自艾，自卑情绪再次滋生……此时，你已经陷入了自我怀疑，受到了"低自尊心"的影响。

  其实，现实并没有那么糟，自己也没有那么不堪，别人更不会对你的过失记忆深刻。唯有认同自己，才能走出阴霾，自信地生活。

  金无足赤，人无完人，每个人都有优缺点，也都有高光和低谷时刻。正如作家老舍所说："生活是种律动，须有光有影，有左有右，有晴有雨。"阴晴圆缺、得失荣辱皆是人生的风景，不必抱憾过往而郁郁寡欢，更不必患得患失而畏缩不前。

  正视并认同自己，是踏实前行、增添幸福感的一剂良方。当一个人对自我的认同度越高、接纳度越高，遇事遇人的心态就会越客观和平衡，越容易对现实感到满足。

认同自己，需要学会"排除异己"。每个人的心性不同、观念不同，当纷纷杂杂的声音钻入耳朵，真的入心入脑时，往往无多益处反成困扰。其实，大可不必对一切全盘接收，中听或不中听的话，选择性听而不闻，方能悠然自在，无所挂碍。

保持独立的自己，要学会做减法。对外减少嘈杂，对内减少欲望。有效地做舍得，舍弃无用的干扰，得到空阔的心灵，让对于自身最为重要、美好的东西有足够的空间成长发展。时日久了，自然能离心之所向更近一步。

人的一生，大都终归平凡，然而，坚定不移地朝着自己的方向去前进，做到心无旁骛、无所畏惧，平凡中也会暗香浮动，微妙中也会星光灿烂。日月既往，不可复追，一世很短，经不起拖延等待，既然想到就要抓紧行动。也不必因曾经耽误的时光感到懊恼，用《曾国藩家书》中的一句话自我激励："步步前行，日日不止，自有到期，不必计算远近而徒长吁短叹也。"把握今后的日子，带着自我觉醒的意识坚持不懈地努力追寻，相信终会不负余生，成就自己。

（谈畅 李相甫）

04
优秀的人注重的 4 个细节

你有多久没有停下来看过阳台外的夕阳了？在繁忙的生活里也请别忘了用心感受生活，发现周围的美好瞬间，重新审视自我。

一、什么是自我

古希腊德尔菲神庙的石柱上有一句箴言："认识你自己。"这就是后世流传的阿波罗箴言。"自我"的心理学意义，是指人们对个人的社会评价以及个体意识、感情、兴趣等特征的认识。弗洛伊德把"我"分成了"本我""自我""超我"，"本我"是人格的一个最难接近而又极其原始的部分，"自我"是现实化了的"本我"，"超我"是道德化了的"自我"。

二、认识自己

什么是认识自己呢？从哪些方面认识自己呢？别人眼中的自己

和自己眼中的自己有什么不同呢？每个人都是一个独一无二的个体，只有认识自己独特的禀赋和价值，才能实现自我，真正成为自己。认识你自己是人生的开端，分为两个方面，认自己和识自己。

"吾日三省吾身"，自省就是认自己最好的方式。认自己就是了解自己是什么样的人，从哪里来，拥有什么样的能力，自己的缺点是什么。世人都习惯从别人眼中认识自己，好像别人的评价才是对自己综合能力的反映。其实一个人首先要学会评价自己，从深层意义来解剖自己，从心里去看本质。别人眼中的你可能不是真正的你，因为真正的你只有从内心才能看到。一个不善于找到自己的人是很难成功的。

识自己就是更进一步地认自己。如果认自己是登堂，那么识自己就是入室。怎么样才是识自己呢？那就是了解自己的本质，解读自己的本质，破译人生价值的密码，找到心灵归宿的钥匙。人生在世，每个人都有自己的生活，有的人万古流芳，有的人遗臭万年，这都是自己的生活方式，可能只是价值取向不同而已。我们作为普通人应该找到自己的价值归宿，无论是伟大的还是渺小的，无论是平凡的还是传奇的，但必须是健康的价值归宿。我们要尽自己最大的努力找到属于自己的人生，一种无愧于心的人生。

三、需注重的4个细节

一是学会改变心态。心态改变，态度才能得到改变。当你对事物的态度发生改变时，你的行为习惯也会随之改变，比如生活习惯、思维习惯等。当每次有不想作为的心理状态时，可以不断鞭策自己，多参考别人的成功事迹，找到一个适合自己的方法。别人能做到的，相信自己一定也能做到。永远要相信只要不放弃，就还有机会的道理。有时候可以对自己狠一点，只有这样，才会不断进步，才能有所成就。

二是制订合适的目标。目标最好不要定得太高，但也不可以太低。详细列举每天该做的事情，如可以分成阶段性，首先该做什么，其次要做些什么，最后应该要怎么做，有个循环渐进的过程，万不可有急功近利的心理，不确定的因素可以多参考朋友、亲人的意见。确定以后，最重要的是认真坚持执行目标计划。

三是充满自信，不找借口。多鼓励自己做想做的事情，遇到挫折要有百折不挠、直面困难的精神。因为一旦自己成功地解决了挫折困难，心里面就会不断被成功的喜悦充斥着，朋友、家人也会被你的喜悦心情感染，从而为你感到骄傲。要不断激励自己，继续加油，不要懒惰，多思考问题，不断塑造自我，增强自信心。成功的人永远都在找方法，而失败的人永远都在为自己找借口。找借口可以让你躲过一时的惩罚，但是下次碰到这种问题你依然无法解决；而面临失败时找到了解决的方法，就可以让自己有所提升，下次遇到类似情况就会有解决的方法。我们要在不断摸索中让自己不断提升。

四是养成良好的习惯。习惯有一种很强大的力量，能让你坚持做你不喜欢的事情。若是你不愿意读书，不愿意运动，却又渴望丰富自己的头脑，健壮自己的身体，那么只要你能坚持二十一天，读书和运动就会成为一种习惯。习惯的力量能够推着你继续前进，习惯是克服惰性最好的法门。那些优秀的人并不是毅力多强，天资多高，只是他们养成了很多良好的习惯。习惯会形成一个人的性格，进而影响一个人的命运。当你拥有了一个又一个的好习惯，你的人生就会越变越好。

（吕新亭 刘荣超）

05
学会真正爱自己

诺艾尔·科沃德说："一方面，我对这个世界相对而言无足轻重；而另一方面，我对我自己却是举足轻重，我唯一必须一起工作、一起玩乐、一起受苦和一起享受的人就是我自己。我谨慎以对的不是他人的眼光，而是我自己的眼光。"

自己很重要，自己才是你能拥有的全部。你存在，才会感到整个世界存在；你看得到阳光，才会感到整个世界看得到阳光；你失去平衡，才会感觉整个世界失去平衡；你消失，世界也随之消失。你就是自己的一切，所以我们要学会爱自己。

一、爱自己，要真诚地接纳自己

曾看过这样一句话："我们终其一生，就是要摆脱他人的期待，找到真正的自己。"

很多时候，我们总能看到别人身上的优点并感到羡慕，却只盯着自己的缺点，一直自卑，持续挫败。

或许你也曾有过各种各样的困惑，无法和自己的平凡和解，无法接受生活的真相，但是，世界上没有完美无缺的人。生而为人，我们都应该发自内心地爱自己，接纳自己，给自己提供源源不断的能量和自信，经常对自己说一声："我是最棒的！"

二、爱自己，请不要与人攀比

每个人都想活成想象中别人的样子。其实，生活中的许多烦恼，都源自我们盲目地和别人攀比，而忘了正视自己的生活。

适当比较，是动力；一味攀比，就是灾难。

人生是公平的，每个人被分配的苹果都被咬过一口，只是被咬的位置不同罢了。

你羡慕别人事业有成，却不知他疲于应酬，为没有时间陪伴家人而烦恼；你羡慕别人时间自由，却不知他总是苦闷焦虑，常常为了生计发愁。有时候，不过是看海久了想看山，看山久了想看海；尝遍山珍海味，就向往路边小吃。

万事万物各有各的好与坏，我们每个人也各有各的快乐与烦恼。也许你以为的平淡无奇，正是别人向往已久而不可得的美好。

与其仰望别人，不如反躬自省；与其畏惧黑暗，不如提灯前行。

虽然渴望完美，但也不要拒绝遗憾；虽然不能事事如意，但我们还有选择和改变的能力。

生活不是用来比较的，而是用来感受的。

不求与人攀比，但求超越自己。把握自己的节奏，在自己的人生轨道上踏实前行，所有美好定会不期而遇。

三、爱自己，要找到自己的爱好

有人曾经说过："醉心于某种爱好是幸福的。"

人有一项终身的爱好，是一种福气。这项爱好无关工作，无关收入，但在做这件事时，可以让你感到快乐和幸福。

去发展一项爱好吧，音乐、运动、饮茶、种花、写字、画画……

当你有了爱好时，便能在平淡的日常琐碎之外，发现一个幸福的新世界。

虽然有时苦是生活的原味，但我们应该去自我调节，让味道变得甜一些。

只有爱自己的人才有能力去爱他人，所以，从今天起，做一个爱自己的人。

（惠淑英 刘子媛）

06
最美的生活源于自信的自己

无论是进入大学，还是步入职场，我们总在不断开启一段段人生新征程。在这场长途旅行中，我们在新的起点，试图遇见更美的风景，也不免会邂逅形形色色的人，经历各种各样的事。它们能否化作生活的动力，给我们的未来增添一抹光亮呢？

同一件事情，看到别人比自己做得更优质高效时，你会怎么看待自己？

当你加班加点完成的任务跟"佛系"同事做的效果差不多的时候，你心中会怎么想？

尽心尽力地为人做事，还是很难获得大家的一致好评时，你有何感受？

别人说过的一句话，一个眼神会引起你心中很大的波澜吗？

生活中你会感觉自己低人一等，习惯性地去讨好别人吗？

可能不同的人，会有不同的回答。自信的人，不会在意征途上的风风雨雨和别人的目光与评价，而会像一束光一样，无论走到哪里，都可以照亮自己、照亮他人；自卑的人，则会对未知的征程充满了担忧，总是感叹命运不济，看着别人的时候总是都好，审视自己的时候总是很糟。其实，不是因为自身不够好，而是因为太渴望变得更好。不安全感和完美主义成了这些"负能量"的深层原因，陷在"想改变"和"难以改变"的挫败感中难以自拔，自信就会离自己越来越远。

莱昂纳德·科恩说过："万物皆有裂痕，那是光照进来的地方。"自信的人，并非天生完美。想彻底摆脱不自信，要做的不是让自己变得更优秀，而是懂得接纳自己的不完美，然后把自己大方地展露出来。希望下面的建议能让你改变自己，推自己一把，迈出第一步。

一、认同自己，不过分在意他人目光

生活给予我们最强大的能量，是来源于自我内心的力量。只有自己足够强大，才不会过分在意他人的目光。做一个自信的人，要先从认同自己开始。现在就为自己点个赞，肯定鼓励一下自己吧！哪怕做得并不好，也要善于发现身上的闪光点，培养对自我的认同，逐步树立自信心。他人给予的赞赏和肯定能让我们走得更远，但却不能因为缺少他人的赞赏和肯定而停滞不前。

二、直面坎坷，在丰富阅历中增强信心

没有哪个人的人生是一帆风顺的，生活中的各种挫折和坎坷，

也是成长的宝贵经历。人生即体验，体验越丰富，内心越丰盈。我们要勇于去尝试各种体验，一个不敢踏出第一步的人，注定所有的事情都是失败的，因为没有开始，就等于永远的结束。经历的挫折和坎坷多了，应对的能力提升了，我们对驾驭不可知未来的信心也会提高。

三、拒绝完美，在自我接纳中自尊自信

完美主义者总是希望将事情做得尽善尽美，当结果与预期有差距时，很容易自我否定。每个人都是不完美的个体，每个人都可以成为更优秀的自己。昨天的努力成就了今天的自己，今天的努力会成就明天更好的自己。每个人都是独一无二的个体，在建立自信的路上，只有接纳了自己的不完美，才能接纳他人的不完美，心胸才能更豁达，才能朝着更好的方向去努力，成为自己喜欢的自己，赢得他人的尊重。

四、挑战自我，勇于突破"舒适圈"

待在舒适圈内固然能让人获得安全感，但也会让人故步自封，难以突破。让自己的精神富裕、内心充裕，就要勇于突破惯性思维，破除自我束缚，挑战那些曾经望而却步的事物，体验生活中不一样的美。

假如说生活是一块画板，

那自信就是一支水彩笔，

为它添上色彩。

假如说生活是一列火车，

那自信就是它的能量，

使它不断向前，

克服自卑。

找到自己价值的闪光点，

把自卑转化成自信，

生活因自信而丰富！

你因自信而美丽！

（孙广博 海之言）

07
世间所有绚丽皆因你而精彩

女性这个芬芳的名字沁人心脾,她们不再是世界的点缀,而是宛如坠入人间的天使,用温情融化严冬的冰雪,用关爱扫去酷夏的赤炎。她们从女儿成长为妻子、母亲,将生命中的温柔含蓄幻化成坚韧刚强,巾帼不让须眉的她们在各个领域奉献着自己的智慧与青春。

让我们做一个静待花开的女子,温柔静好。时光若水,无涟即大美;生活如莲,平凡即至雅。在人生的旅程中,我们曾经以为美丽的风景总在远方,殊不知我们在匆匆忙忙、风尘仆仆中,却将当下的风景错过。我们要学会心安于当下,不以物喜,不以己悲,温柔微笑、不紧不慢、沉着而淡定地看待世事的沉浮,岁月的静好,现世的安稳。

让我们做一个蕙质兰心的女子,聪慧灵动。行至水穷处,坐看风云起,是我们修心向往的境界。真正的彻悟,不仅是在浮躁中获得安宁,更是从孤寂中获得清醒。我们要学会在纷繁冗杂的世事中,以清醒自居,以淡然自持,放下执念,让不舍得成为舍得,让不快乐变成快乐。

自我成长篇

让我们做一个勇敢独立的女子，以柔克刚。上善若水，从善如流。柔弱之水，却有着水滴石穿的刚强。我们要学会在人生的修行中，磨砺锋芒，自在淡然，坦然地接受人生的悲欢离合，在岁月赠予的苦难与沧桑中砥砺前行。虽然我们有过得失、历经聚散、直面善恶，但我们始终没有迷失真实的自我，这才是生活的勇者。

让我们做一个冰清玉洁的女子，志洁行芳。人生的方向，从来都没有固定的坐标，我们山一程水一程地追逐着心中的梦想，不管前路是一马平川抑或是一路荆棘，我们眼神中始终带着不可动摇的坚定。生命的本身是纯粹而干净的，但在我们成长的过程中，不可避免地会遭遇一些坎坷与污浊，我们能否出淤泥而不染，全凭心中的梦与爱。

让我们做一个浓淡相宜的女子，可飒可萌。心灵像树根，生发滋养着我们的身体。树叶的光泽灼灼，离不开根系的深长丰茂，而面容的姣好，离不开心底的明媚。生活像一把刻刀，雕刻着我们的心灵，亦雕刻着我们的面容，只有心底明媚，才能滋养出旷日持久的美丽。自信的你穿得起华服羽衣，扮得了飒爽妖娆；自信的你亦穿得了荆钗布裙，展得出素朴纯净。

祝愿每一个女性朋友，在世界的每一寸土地上努力绽放，让尘世的每一个角落充满你的芬芳，在生命的延续中继续赋予心灵的善良。世间所有的绚丽，因为有你而精彩！

（杨洁　王静怡）

08
与幸福牵手，愿世间美好与你环环相扣

每个人都渴望幸福，但幸福是什么？是说走就走的自由，还是荷包鼓鼓的富有？是事业有成的满足，还是无病无灾的平安？很显然不同的人会根据自己的人生经历和生活感悟给出不同的答案。

当今社会飞速发展，快节奏的生活，常常让忙碌的人们忽略自己的内心世界，忘记回应心灵对于幸福的呐喊。那么从今天起，请牵起幸福的手，不妨从以下几个方面进行尝试。

一、保持积极乐观的心态，去发现身边的幸福

积极的心态能使人阳光、开朗、活力四射，消极的心态则会使人低沉、颓废、萎靡不振。心态来源于自己的选择，要经常给予自己积极的心理暗示。生活中总会有喜怒哀乐，无论是什么事情，都是我们人生旅途中一道不可或缺的风景。想要拥有积极的心态，我们就要学会不生气、不计较、不抱怨。

二、保持必要的社会支持，使精神世界有依托

家人和朋友的社会支持能满足亲和需要和归属需要，有助于调节、缓和压力情境引发的消极情绪，有助于解决独自解决不了的问题，能让人满怀希望地迎接未来的挑战。因乐于助人、豁达宽容等得到他人的感谢与赞赏，也能让人变得更加阳光、开朗，从而获得稳定长久的幸福感。

三、保持健康的生活习惯，加深幸福体验

戒除有损健康的习惯，有规律地锻炼身体。身体和心灵，总要有一个在路上。大量证据表明，幸福可以通过身体的免疫系统对健康状况产生积极作用，与不幸的人相比，幸福的人免疫系统机能更强，而免疫系统机能强，人就更少生病，更长寿。

四、从事有趣且有挑战性的工作，获得成功和认可

从事自己喜欢的工作不仅可以提供机会让人满足好奇心、发展技能，还能提供社会支持网络，赋予人们身份感和目标感，实现人生价值，满足高层次需求。要在承担社会职责的过程中主动创造获得幸福的条件，增强幸福力。

五、适当地放松和宣泄，进行心灵按摩

听一段或欢快或舒缓的旋律，看一段或优美或富有哲思的文字，

我心飞翔
◆◆◆ WO XIN FEI XIANG

参加一场或激烈或趣味的比赛，等等，无论是心灵的按摩还是合理的宣泄，都能为我们带来更多的积极情绪，消减不安焦虑等负面情绪，提升幸福感。

幸福是一缕阳光，让你的心灵即使在寒冷的冬天也温暖如春；幸福是一股清泉，让你的情感即使蒙上岁月的风尘依然纯洁明净！愿你三冬暖，愿你春不寒，愿你天黑有灯、下雨有伞……

（程子萌 莫逸帆）

09
愿我们用自己的脚步去丈量精彩人生

起初,我们总是会害怕,害怕不能得到渴望的物质生活,害怕遇不到那个好好爱自己的人,害怕失去青春也换不回事业上的进步,害怕会做下一个让自己悔恨的决定。可这一路,我们就是这样踩着自己的害怕和悔恨走来,慢慢地在害怕中一点点成长、充实,日益强大,对当初做下的决定释然,最终迎接另一个不惧怕未来的自己。

在这个时代,你要对自己宽容一点,允许自己迷茫,允许自己困惑,允许自己慢慢来。年轻的时候不知道自己想要什么,不必太过焦虑,但你需要了解自己对什么感兴趣,愿意把时间投入在哪一方面。德国思想家阿伦特曾说,深刻思考所指引的行动才是真正有意义的积极生活。让我们拥抱当下的生活,并热爱生活。

你若真的没有发现自己喜欢的事情,那就不要放过任何尝试的机会,直到找到自己内心真正热爱的,找到自己愿意为之努力的梦想。人生从来不是规划出来的,而是一步一步走出来的。日拱一卒无有尽,功不唐捐终如海,找到自己喜欢的事情,每天努力那么一点点,时间久了,你就会看到自己的成长。

我心飞翔

◆◆◆ WO XIN FEI XIANG

不管你想要什么样的生活，你都要去努力争取，不多尝试一些事情又怎么知道自己适合什么、不适合什么呢？那些真正有行动力的人不需要别人告诉他如何做，因为他已经在做了。就算碰到问题，他也会自己想办法，自己动手去解决，而不是等着别人来为自己解决。

"安于现状"就会让人幸福和满足，但"不甘平庸"选择一条改变、进取和奋斗的道路，在追求的过程中，你也一样会感到快乐。所谓的成功，即是按照自己想要的方式去生活。最糟糕的状态，莫过于当你想要选择一条不甘平庸、改变、进取和奋斗的道路时，却以一种安于现状的方式生活，最后抱怨自己没有得到想要的人生。因为喜欢，你不是在苦苦坚持，也因为喜欢，你愿意投入时间、精力。长久以往，获得成功就是自然而然的事情，即便不成功，你也体会过努力的意义。《活出心花怒放的人生》一书中说道："因为生命有限，充分享受每一个瞬间，把每一分钟活得幸福愉悦，我们的生命就会在无形中得到延展。"

以我自己为例，从坚持跑步到热爱跑步，从 3 千米到人生中第一个"半马"，从三年前的第一步开始到如今的 1459 千米，从"黄河之滨"到"天府国度"，从"及时反馈"到"延迟满足"，跑步让我变得释怀与执着、坚韧与顽强。十年饮冰，难凉热血，在奔跑中，我渐渐意识到做一件事，开始的兴趣带来的只是最初的火种，想要形成燎原之势还需要持续不断地投入激情与努力。

人生，如同一场没有终点的马拉松，没有一步是浪费的，愿我们用自己的脚步去丈量精彩人生。

（梁晶　梁宸瑜）

10
活在当下，让人生多一份豁达

我们每一个人的成长，难免有很多失意低落的时刻，但又会被宽慰温暖。世界在流动中保持平衡，让我们暂时踌躇失望，同时也奖励鼓舞着我们，让我们看见黑暗无光的一面，又给我们映现出最淳朴平实的真心。

"拯救我们的不再是任何道理或技巧，只有直面的勇气。"只要活在当下，豁达向前，总会看到前方充满希望的未来。

一、豁达是一种对抗消极的温柔力量

我们在痛苦和灰暗中去追溯遇到的遗憾与酸楚，去接受自己的不完美。只有正视自我、不断重塑自我，我们才能成为更好的自己。

当今信息爆炸的时代，大部分情绪也都变得碎片化，不具备长效性。一旦快乐失去了新鲜感，或是悲观情绪暂时占了上风，扑面而来的就是无穷无尽的孤独感和颓废感。无论当下的路是平坦或坎坷，能长期充盈在心中的，总是那些涓涓细流般的豁达洒脱，抵挡住了情绪猛烈的波动起伏，经得起时间的细嚼慢咽，经得过烟火里的人世沧桑。

二、豁达是一种直面挫折的正确方式

把人生的时间线放在漫漫的岁月长河中，过往的每一段令人煎熬的日子，最后都会沦为我们人生中模糊而转瞬即逝的片段，逐渐泛黄，无一例外。也许当时的我们为之扼腕叹息，甚至一度一蹶不振，但回头看时，不过都是过眼云烟。因此，不妨豁达一些，你之所以成为现在的自己，不仅仅是因为你的经历与体会，也因为那部分你选择忘记的事物。豁达就是一种"忘记"的学问，它需要足够的勇气与果决，它让保留的记忆变得更有意义。人通过记忆来自我雕琢修正，豁达就是雕刻的刀，是衡量的尺。

三、豁达宛如大浪淘沙，留下闪光的美好

黄昏的海边，退潮的海岸线，渐渐露出的沙滩上留下一颗颗散落的沙金，在将尽的璀璨日光下反射出流金溢彩的光芒。正如我们用豁达面对生活，淘走的是不甘、怯懦、遗憾、悔恨，留下的是勇敢、坚毅、自信、乐观，映射出我们身上最本质的美好。这美好是轻盈，是清澈，会帮助我们战胜生命中的种种虚妄凄惶，以温柔又有力的方式探索世界，打开平日蜷缩麻木的心境，超越积年累月的倦怠冷漠，剥掉一层层世俗狭隘的老茧，用自己最敞亮的部分去面对世界。

四、豁达宛如云开月明，发现生命的价值

秋末冬初，我们总会想念春暖花开，想念春日的芳菲落尽、桃花伊始、山绿渐深、水清尤灵、日光熹微、草木葳蕤。在燕尾剪来新绿的春里，人的内心总是最宽敞和包容的。

生活也是如此，有凛冽寒风，也会有灿烂骄阳，若不断怨天尤人，陷入焦虑与自我否定，就会因此错过当下的风景。时间无疑是残酷的，它擅长书写无疾而终的情节，推着我们，裹挟着残余的热烈，急匆匆地奔赴下段旅程。

活在当下，就是珍惜拥有，不留遗憾，将未来发生的一切都当作生命的礼物。朋友家人的陪伴，自身能力素质的提升，对外界事物的了解，不都比一时的挣扎纠结更重要吗？

正如郑执所写的，"彼时我已陡然开悟，明白人生和世事大抵如此，靠近了，都不壮观。"不如让我们离远一些打量暂时的得与失，跳出消极情绪的闭环，放眼去看更广阔的天地，哪怕这需要等待蛰伏，需要锲而不舍，相信我们总会在沉寂无声中收获自己的成长。

（周泳靖 窦庆怡）

11
保持进取，昂扬向上

你想成为一个怎样的人？你为之付出了多少努力？你还能为之付出多少努力？不知道你有多久没有思考过这些问题了。也许琐碎的工作已让你应接不暇，也许生活的压力已让你身心疲惫，也许感情的烦恼已让你无法自拔，但是请你相信，只要保持一颗进取之心，满怀理想，拼搏向上，所有的压力、烦恼、困难、痛苦都将过去，而你终将成为你想成为的人。生活对于智者而言是一首昂扬的歌，它的主旋律永远是进取。

一、进取的人心中有梦

袁隆平院士生前有两个梦：一是禾下乘凉梦，二是杂交水稻覆盖全球梦。为了这两个梦想，他几十年如一日，坚持工作、坚持创新。人们都说他"不在家，就在试验田；不在试验田，就在去试验田的路上"。因为心中有梦，他一生致力于杂交水稻技术的研究、应用与推广，发明"三系法"籼型杂交水稻，成功研究出"两系法"杂交水稻，创建了超级杂交水稻技术体系，为我国的粮食安全、农业科学发展和世界粮食供给做出了杰出贡献。

二、进取的人眼里有光

谁都有个家，钟南山院士心中有个"大家"。在抗击"非典"的日子里，他是一名骁勇的战士，是"非典"战场不倒的红旗；面对突如其来的新冠肺炎疫情，83岁高龄的他又以身涉险、挂帅出征，奔赴疫情灾区，带领医护人员，与病毒做抗争，向死神要生命，给百姓以希望。他和无数医护工作者那坚定的眼神，让无数国人肃然起敬、为之泪目！

三、进取的人脚下有路

文化企业家黄宗汉68岁考上中国人民大学博士，后来即使身患重病，也坚持一边治疗一边攻读，在做了6次化疗之后，拖着虚弱的身体，依然参加博士论文答辩，最终取得博士学位。经济学家杨敬年86岁告别大学讲台，90岁出版了综合性论著《人性谈》，翻译了《国富论》，百岁之年，他又出版了27万字的自传。因此，他的学生们送了他一块匾额："生命从百岁开始"。

这些老人，无一不是保持进取、充满理想、拼搏向上，从而让生命永远年轻的鲜活典型。那么如何让自己始终保持一颗进取之心，永远奋发向上呢？

（一）多读书

读书可知先贤治政之本，可明朝代兴废之由，可得个人修身之要。读书，就像吃饭一样，你小时候吃的什么饭菜你不一定都能够记得，但是慢慢地，它们就已经成了你身体的一部分。你读过的书也是一样，会逐渐深入你的灵魂，让你变得强大，在某一时刻，会像一束光，照亮你前行的路。

（二）多思考

勤于思考是一种可贵的品质，它传承精华、去除糟粕、孕育智慧。要想保持进取之心，就要养成思考的习惯，想清楚你的目标和计划，想清楚即将面临的困难和挑战，通过思考带来思想多元化下的包容与理性，控制好个人情绪，客观冷静地处理各种事务。只有这样，才能不断前进，走向成功。

（三）多行动

理论永远是灰色的，而实践之树常青。英国有一句谚语：种一棵树最好的时间是十年前，其次就是现在。这都启示我们不要被年龄和时间束缚，追求梦想任何时候都不晚，关键是敢于出发。在人的一生中，拼尽全力而不得是为遗憾，未尽全力而不得是为后悔。人生可以有遗憾，但尽量不要有后悔，只要肯行动，就算有遗憾，亦不后悔。

（四）多总结

一种规律一旦被总结出来，应用层面的收获就可以层出不穷。在我们的学习、工作、生活中，我们要善于通过已有的成绩或者教训去寻找规律、总结方法，坚持做好周总结、月总结、半年总结、年终总结，通过总结去发现新的问题、研究新的方法、制订新的计划、取得新的提升。这样必将达到事半功倍之效。

　　李大钊先生在《青春》中有一段话："进前而勿顾后，背黑暗而向光明，为世界进文明，为人类造幸福，以青春之我，创建青春之家庭，青春之国家，青春之民族，青春之人类，青春之地球，青春之宇宙，资以乐其无涯之生。"从时间的维度看，人生有涯且短暂，从价值的维度看，进取的人生无涯而永恒。

（熊帮鑫　牟思儒）

12
学会活得通透

活得通透是一种人生智慧。通，即为豁达开朗，遇事能够从容面对，不钻牛角尖，把日子过得清清爽爽；透，即是明白事理，看透事物的本质，能够积极面对，凡事拎得清楚。

保持努力的姿态，创造自己的价值。生而为人，我们不能保证每个人都能成为顶尖的人物，但我们必须相信，每个人都有自己存在的价值，通过自己的努力，任何人都可以创造自己的价值。

消除骄傲的心理，保持平和的心态。我们每个人在自己的人生路上总会攻克一个又一个的难题，突破一层又一层的难关，总会产生强烈的获得感，但我们仍要时时刻刻记着"高处不胜寒"，切忌骄傲自大，目中无人，时刻保持平和的心态。

忽视身边的非议，净化自己的内心。非议这个东西，你见或者不见，理或者不理，在意或者不在意，始终就在那里。越是靠近中心的人，越会饱受非议，所以，放下戒备，忽视非议，净化自己的内心才能活得更加通透。

扔掉心中的抱怨，培养自己的涵养。一个通透的人不会去抱怨世事不公、命运多舛。在人生的旅程里，难免磕磕绊绊并遭遇委屈，我们无须多言，更无须抱怨，而应该始终乐观面对，用自己的涵养来包容这个世界。

永葆脸庞的笑容，传递自己的温暖。通透的人永远面带笑容，充满温暖。永怀感恩的心，让自己的内心充满爱意，用笑容温暖他人。

一个活的通透的人，应该是和过往的自己，和他人握手言和，转身继续漫漫人生路，历尽千帆，心中依然存在美好的人。

一个活的通透的人，应该是内心强大又富足，而不是遇到挫折就一味地埋怨世事不公，站在原地举步不前的人。这个世界上没有永远的恨，没有不可治愈的伤痛。一个活的通透的人应该懂得向前看，不会在烂事里面纠缠不清。改变可以改变的，接受不能改变的，最终你所失去的东西，将会以另一种更好的方式归来。

（陈德金 卢恬莹）

13
做一点"减法"又何妨

读到余秀华的短篇诗歌合集《月光落在左手上》，被里面不加修饰、纯简的言语打动。余秀华在诗歌《我爱你》中写道，"巴巴地活着，每天打水，煮饭，按时吃药。阳光好的时候就把自己放进去，像放一块陈皮。"字字平实，句句刺痛人心。在余秀华的笔尖，一草一木、一花一叶，平实无华但深入人心。

其实从最早的诗歌总集—《诗经》来看，诗歌原本就没有那么多条条框框，很多都是后人一点点加上去的。文章如此，人生亦然，不妨试着做一点"减法"，或许会遇见不一样的风景。

生而为人，我们常在不断地做"加法"，穿更多的衣服，读更多的书，学更多的知识，掌握更多的技能，走更多的路，认识更多的人—这些都是人生必经的旅程，无法避免也无可厚非。然而，当人们开始纠结"房子、车子"而忽视"妻子、孩子"，痴迷"功成名就"而忘了"初心所在"，陷于"内卷"而丢下友谊，这般做"加法"的路似乎越走越偏。既然已不堪重负，何不做一点"减法"。不妨丢掉些包袱，轻装上阵，想必会走得更快更稳些。

一、做好"减法"是一种不可或缺的能力

做"减法"并非一味地逃避，而是有目的地筛选。丢掉一些不必要的社交圈子，把更多的时间留给更重要的人；丢掉一些无伤大雅的"标签"，爱上独一无二的自己；丢掉一些不切实际的幻想，做一些实实在在的事。敢做"减法"的人，必然有一个明确而坚定的目标，并且能够为之不懈奋斗；会做"减法"的人，必然有一颗强大而饱满的心，并且能够不被外物所撼动；善做"减法"的人，必然有一身深刻而长久的智慧，并且能够科学地删繁就简。

二、做好"减法"是一场永无止境的挑战

为了顺利过冬，花草树木会褪去黄叶枯枝；为了保存生命，鸟兽虫鱼会不惜去足断尾。诚然，每"减"一次，都是一场挑战，都会伴随阵痛，但也会迎接新生。在我们的工作和生活中，这样的挑战亦是层出不穷。有多少人向往诗和远方，但终究逃不脱那高楼大厦；有多少人渴望中流击水，却到底走不出既定的"舒适圈"；有多少人桎梏于"盲目忙碌"的怪圈，而条理不清、事倍功半。面对这么多的挑战，必须要有打破枷锁的勇气，敢于迎难而上，享受每次蜕变带来的痛苦；当然也不能少了把握自我的底气，要联系实际做"减法"，不能盲从，也不能冒进。

三、做好"减法"是一番志高尚远的境界

"舍得"一事,自古难解。能做好"减法",无疑是人生的至高境界。为官者,杜绝好大喜功;干事业,切忌形式主义。所谓人生"减法",减的是面子,加的是里子。做好"减法",既要心怀大局,又要术业专攻。要树立全局意识,培养统筹能力,善抓工作重点,避免乱打乱撞、眉毛胡子一把抓;更要摒弃杂念,尽职尽责,发扬工匠精神,把平凡的事业做到最好就是不凡。如果说人生的维度太大,只讨论当下,那就把每一件小事做好,千头万绪,要一根一根地穿入针眼。

加减之法,相生相克,但当它们用于人生的计量称时,则需另当别论,只要选择对了,它们也会有相互促进的效果。一方面,"减法"做好了,思路更清晰、时间更充裕、心态更积极,自然也有"加法"的效果,甚至要更高一筹。另一方面,"重点工程"容不得半点偷工减料。人生就像建一座高楼,德行修为、思想认知是基础,减一点就根基不牢;而能力素质、担当履责是框架,减一点则不成体系。于此而言,唯有不断做加法,做好量上的积累,才能达到质的飞跃,从而实现人生价值。

"手把青秧插满田,低头便见水中天。浑然不知日将老,退步原来是向前。"改一首禅宗的偈语和大家分享,愿我们也能如插秧一般退步插秧是减法,田秧渐丰是加法。看似后退,实则向前,看似手中物越来越少,实则离成功却越来越近。人生路漫漫,做一点"减法"也无妨。

(惠淑英 刘子媛)

14
感恩是一种积极乐观的生活态度

"天地之性，人为贵；人之行，莫大于孝，孝莫大于严父"，在古人心中，天地万物以人类最为尊贵；人类的行为，没有什么比孝道更为重大，而在孝道之中，没有比敬重父母亲更重要的了。这可能是人类对于感恩父母亲最美好的描绘。其实，不管是人类还是动物，感恩都是一种基本的道德准则。在当下我们不仅要感恩父母，更要做到始终怀有一颗感恩的心，用来感恩组织、感恩国家和社会，做一个知恩情、懂报恩的人。

一、从心理学角度看

感恩是一种积极、乐观的人生态度，它反映了人们对心理需求的满足，表现为一种更高的心理追求。良好心理品质中包含一个重要的内容，就是学会感恩。现在的社会，人们的生活、工作压力不断增大，身心疲惫，许多人出现了越来越多的"现代身心病"。从身心健康的角度说，学会感恩，学会自我调节、懂得自我减压，有利于我们时刻保持健康良好的心态，这对提高人的心理承受能力，增强心理调控能力，提高心理素质是有很大作用的。

二、从人的需要层次看

著名的马斯洛需要层次理论，把人的需要分为：生理的需要—安全的需要—爱与归属的需要—尊重的需要—自我实现的需要。人的需要层次，为我们呈现了一种金字塔形状：生理需要是基础，而后上升到精神层面的需要。在精神需求层面包含爱与归属的需要，而爱又包括爱自己和爱他人。在爱与归属的需要下，人们学会了宽容、学会了感恩，渴望同自己周围的人建立一种充满感情的关系，时刻感恩曾给予过自己关心和帮助的人。

三、从大众文化角度看

生活中值得我们感恩的场景和对象到处都有：起早贪黑在外奔波，负责赚钱养家的父亲；下班回家，扎上围裙为一家人烹制可口饭菜的母亲；在自己住院时主动来看望照顾的亲戚朋友；在我们不慎落水之时伸出援助之手的陌生人；等等。班尼迪克特说："受人恩惠不是美德，报恩才是。"邓小平同志说过："我是中国人民的儿子，我深情地爱着我的祖国和人民。"邓小平同志不忘祖国和人民的养育之恩和培育之情，把毕生的心血都奉献给了生他养他的祖国，这种对祖国、对人民知恩图报的精神境界，是我们每个人都应该学习、继承和发扬的。

（一）感恩父母

陈红在《常回家看看》这首歌中唱道："老人不图儿女为家做多大贡献，一辈子不容易就图个团团圆圆……一辈子总操心就奔个平平安安。"这首歌的歌词道出了人们的心声，叩击着人们的心灵。虽然父母不能给予我们金钱、地位、名誉、豪宅或者美丽的容颜，但他们给了我们这个世界上谁也无法替代的最重要的东西—生命！小时候，父母为了把我们养育成人，他们拼命干工作。有的父母自己舍不得吃、舍不得穿，但在子女的成长上，花钱却不吝啬。我们长大后，父母对我们的关爱之情并没有减少，无论我们在哪里，父母总是放心不下，挂念着、惦记着，怕我们在外受苦受累被欺负。所以，我们探亲回家，多陪陪父母，少玩一会儿手机；出门在外，多抽时间回家看看，让父母少操心；周末，多给父母打打电话，少惹父母生气。我们每次过生日的时候，希望大家在大吃大喝、甜言蜜语的时候，不要忘记这是母亲的受难日，记得母亲又老了一岁。有人说，爱的表达方式有很多种，唯有父母的爱，只有岁月才能读懂，且时间越长感悟越深。作为子女的关心和行动永远都不要停歇，切勿子欲养而亲不待，记得常回家看看，不要让他们觉得被遗弃了。

（二）感恩组织

人们常说，"一日为师，终身为父"。组织和单位就好比自己的老师，以感恩之心对待组织，必须常行报恩之举。感恩要知恩、更要用行动报恩。我们都是在组织的关怀培养下一步一步成长起来的，理当以感恩之心对待组织，自觉树立以良好素质接受组织挑选的思想，始终相信和依靠组织，主动向组织汇报思想，逐级反映情况，坚决拥护和服从组织决定；自觉向那些不言苦、不畏难、不怕累，一心一意干工作的同志看齐，以自己的实际工作成绩回报组织。特别是在个人进步上要摆正个人与组织的关系，把自己的前途命运与组织需要统一起来，把组织的需要当作个人最好的选择，不能光想着个人进步、解决个人问题而不顾单位建设大局和工作实际需要。

（三）感恩社会

我们每一个人都是与社会紧密不可分割的一分子，需要在国家、社会中实现自己的价值，需要在对别人的贡献和别人对自己的肯定认可中得到满足。所以我们要学会感恩，感恩这个社会，感恩我们所遇到的每一个人，感恩生命中所有美好的以及不美好的事情，因为这些都是构成我们生命不可缺少的部分，都是需要我们永远收藏的限量版记忆。行由心生，行随心动。大家都明白抱怨的消极作用，都知道要怀着感恩的心去看待世界，但是真正要做到这点却不容易。学着慢慢调节自己的心态，调整自己看待问题的态度，怀着一颗感恩的心去面对这个社会，我们将会发现平时抱怨的事情也会变得可爱起来。

（李昶慧　李晓圆）

15
你若充实，便不空虚

人，总得有点追求，没有追求的生活就像一潭死水，经常会让人觉得没精打采、厌弃生活、感到枯燥乏味。感到无聊、空虚的人，往往是无所事事、没有追求的人。没有追求，就不会收获前进或成功的快感，更不知幸福为何物。消磨时间的人是痛苦的，追赶时间的人才是昂扬幸福的。

每当我们听到一些人说着诸如"唉，真没劲""唉，真无聊"之类的口头禅时，就能感觉到他内心的空虚。内心空虚的人，时间久了，就容易不思进取，无所事事或不愿事事，从而失去了人生的奋斗目标。

一、空虚源于精神需求缺乏和个人价值的抹杀

空虚是指一个人的精神世界一片空白、百无聊赖、闲散寂寞的消极心态，是一种内心体验，也是心理不充实的表现。当个体精神需求缺乏导致无所适从，或者个人价值被抹杀时，容易出现空虚心理。

二、空虚源于缺乏生活目标

空虚的产生主要源于对理想、目标及追求的迷失。当自己向往的目标无法达到时，导致的结果就是无所追求。因为不思进取，失去了人生的奋斗目标，整天"混日子"，无所事事或不愿事事，得过且过，不求有功但求无过，做一天和尚撞一天钟，就会感到心灵虚无空荡，精神无从着落。

三、空虚是一种消极情绪

被空虚乘机侵袭的人，多是那些对理想和前途失去信心，对生命的意义没有正确认识的人。为了摆脱空虚，他们或抽烟喝酒，或无目的地游荡、闲逛，或沉于某种游戏，之后却仍是一片茫然，无谓地消磨了大好时光。空虚带给人的，只有百害而无一利。

蜜蜂因勤劳而充满乐趣，喜鹊因哺育而获得崇高，海燕因搏击而赢得自由，我们因充实而丰富人生。每个人都应该合理规划自己的人生，找到自己的目标，并付诸行动去追求，这样的人生才有意义。

四、确立明确的目标

俗话说"治病要治本"。空虚的产生主要源于对理想、目标及追求的迷失，所以确立明确的目标成为消除空虚最有力的武器。当然，这个过程并不是一蹴而就的，但当你坚定地向着自己的人生目标努力前进时，空虚就会悄悄地离你而去。

一个人设定目标时,最重要的并非"如何"实现这个目标,而是"为何"要设定些目标。"为何"比"如何"更重要。

步骤一:列出实现目标的理由

成功者在设定目标的同时,也会找出设定这些目标的理由来说服自己。当他十分清楚地知道实现目标的好处和不实现目标的坏处时,便会马上设下时限来规范自己。

步骤二:设下时限

一般人如果没有时限来集中注意力的话,很难检查出自己在不同时间段到底做到什么程度了。因此,当明确知道目标之后,便要设下明确的实行时限。

步骤三:列出实现目标所需的条件

若不知实现该目标所需的条件时,如何进行就会模糊。比如你想考进清华大学就读,却不知清华大学的录取标准,进入清华必定会很难;如果明确知道它的录取标准,就能按部就班地去努力达到它要求的标准。

步骤四:列出自我所需具备的条件

自问"假如要实现目标的话,我自己必须变成什么样的人",并在纸上列下来。很多人想成功,却不清楚成功者所具备的条件。列出成功者所需具备的条件,让自己知道该往哪个方面迈进。

步骤五:寻找解决办法

列出目前不能实现目标的所有原因,从难到易排列其困难度,自问"现在马上用什么办法来解决那些问题",并逐项写下。列完解答之后,这些解答通常就是立即可以采取的行动,并且十分明确。

步骤六:下定承诺,直到实现目标为止,否则绝不放弃

许多人只是对目标"有兴趣",但并未决定一定要实现目标,当然也就无法实现。"有兴趣"不会让你成功,"决定成功"才能让你成功。

步骤七:设下时间表,从实现目标的最终期限倒推至现在。

步骤八:马上采取行动,现在开始。

步骤九:衡量每天的进度,每天检查成果。

若每年检查一次实施成果,则一年只有一次机会可以改正错误;若每月检查一次,则每年有 12 次机会改正错误;若每天衡量一次,则每年就有 360 多次机会,成功的机会当然大大增加。

五、了解并发挥自己的特长

特长是指一个人最熟悉、最擅长的某种技能,它最能体现出一个人在某一方面的才能。要了解自己的特长,一个人的成功与兴趣和特长是密切相关的。事实证明,能够发挥特长的事业是最容易取得成功的事业。当你选择了能够发挥你最大特长的事业时,实际上就意味着你已经在自己事业的道路上迈出了成功的第一步。

六、多与能够给予正能量的人交往

人就像"飞蛾趋光"一样，喜欢光明快乐的人，喜欢跟正向、高能量的人交往。接触高能量的人，你会觉得自己那点不开心的事情不过是生命环节中的一个小插曲，没什么大不了的，未来还是光明的、有希望的，生活还是很有滋味的。生活中有很多能量给予者，这些人本身处在高能量状态，内心往往很平静、喜悦，有很多的爱。跟他们在一起，你会感觉很舒服。跟他们交谈你会学到很多智慧，甚至感到心灵得到滋养。每次你跟他们接触，你会感觉生活是如此美好，自己的内心也会平静很多，生活也会阳光很多。多去和这样的人交往，内心就会充盈，也会赶走空虚和寂寞。

昨天已经悄然逝去，明日还遥不可及，唯一能够做到的是把握好今天，让我们的生命充实起来，充满理想，充满希冀，充满追求，充满劳作。

充实生命，是要突破自我，实现自我，超越自我。充实生命，我们沐浴雨露，分享阳光；我们披星而作，戴月而归；我们充满自信，挑战命运；我们收获快乐，重获新生。充实生命，一路欢声笑语，一路蓬勃生机，一路花红柳绿，一路硕果满枝。只有这样，我们才能拥有实实在在的美好和幸福。

（惠淑英 江佳丽）

16
成功面前保持"空杯"心态

曾经有一位很有名气的禅师叫南隐。一天，一位当地名人慕名前来问禅。名人喋喋不休，南隐则默默无语，只是以茶相待。他将茶水注入这位来宾的杯子，杯子里的水已经满了，他却还不停下来，而是继续往里面倒。名人眼见茶水不停地溢出杯外，忍不住着急地说："已经满了，不要再倒了！"南隐说："你的内心就像这只杯子，里面装满了自己的看法。如果你不先把杯子倒空，叫我如何对你说禅呢？"

这就是空杯心态的来源。这个故事启示我们：每一个人的心，就像这只茶杯，如果装满了自以为重要的东西，比如利益、权力、知识，抑或是成功、骄傲、经验等，便再难装下更多的东西，自然更谈不上超越和进步了。

空杯心态，即重新开始。

空杯心态是一种挑战自我的永不满足，随时对自己拥有的知识进行重整，清空过时的，为新知识的进入留出空间，保证自己的知识总是最新，也是永远不自满，永远在学习，永远保持心的活力。

在攀登者的心目中，下一座山峰，才是最有魅力的，而攀越的过程，最让人沉醉，因为这个过程，充满了新奇和挑战，可以使自己的潜能得到拓展。

空杯心态是对自我的不断扬弃和否定。昨天正确的东西，今天不见得正确；过去行之有效的方法，现在不见得可行。生活中流行着一句充满智慧的哲言："认识你自己。"认识自己很重要，也很困难，否定自己更是难上加难，需要胸襟、需要坦诚、需要胆魄！只有不断否定自我才能超越自我。

空杯心态就是忘却过去，特别是忘却成功。受到批评要警惕、警醒，得到赞扬更要警惕、警醒。在鲜花和掌声面前看到差距，在困难和挫折面前不失信心，这便是成熟和进步，便是空杯心态。

一个人在工作中取得成功是好事，值得高兴，但如果就此抓住成功不放，并且理所当然地以功臣自居，成功就会变成阻碍人继续进步的障碍。曾有心理学家分析说："当一个人在某件事情上成功时，他的智慧很容易被成功的刻板思想或踌躇满志所障碍。"他把这种现象称之为"适应性退化"。心理学的研究显示，任何一个人在工作和生活上，都会产生"适应性退化"，这就是通常所说的"弹性疲乏"。

人的思想和情感一旦发生弹性疲乏，就会失去朝气，失去主动积极性和敏锐的觉察力，新的希望就有可能因此而被断绝。成功所带来的"适应性退化"会导致下一次的失败，若要避免这种情况的出现，就需要有"舍弃"的意识和能力，即放下成功的兴奋和得意，不执着在过去的成功上。如果仅仅因为取得了眼前的成功，便理所当然地认为自己是功臣，则更是一种自大傲慢的体现。

因此，成功既可以给人带来赞誉和美名，也可以使人在耀眼的光环里迷失方向。如果不能正确对待，那么成功在给人带来荣誉的同时，很可能也会成为阻碍人不断成长进步、迈向更大成功的拦路虎和绊脚石。正确认识成功，理性对待成功，以智慧和勇气果断"舍弃"过去，主动"空杯"，让自己的心灵时刻处在清明平和的状态，才不会被成功和荣誉所限制，工作中的创造力才会源源不断地涌现，个人的追求和事业也才会不断迈上更高的台阶。

从某种意义上说，空杯心态，便是一个人对自我的克服和超越。我们常说，只有自己才是自我最大的敌人。一个人有勇气和力量舍弃自己爱惜、看重的成功和荣誉，便是对自我最大的超越，这种超越将有助于实现更高境界的追求。

（惠淑英　任莉）

17
年轻人拒绝"躺平"

近段时间，一个新的网络语—"躺平"，引发热议，成为很多年轻人自我调侃的又一个"标签"。

躺平，通俗地说就是佛系、低欲望，指无论对方做出什么反应，内心都毫无波澜，不会有任何反应或者反抗，表示顺从的心理。

作为一种社会现象，"躺平"的背后，反映出的是群体性的社会焦虑和年轻人随处可见的挫败感和失落感。

高房价，快节奏的生活方式、激烈的竞争、复杂的人际关系及陌生社会带来的风险焦虑……这些无形的压力使越来越多的年轻人都被迫卷入一种毫无意义的竞赛中，被一种单一的、同质化的成功观和价值观绑架，花费高成本，却难以获得相应的回报，忙于解决当下的问题，忙于向前看，却无暇顾及和解决更深远、更重要的问题。这样久而久之，"躺平"就有了它存在的理由。

一、"躺平"论调是对年轻人的标签化

给年轻人贴上不合时宜的标签，无法获得年轻一代的认同。说严重一点，述说"躺平"是对年轻人的污名化，是在贬损年轻一代的形象，是一种不负责任的论调。

传播"躺平"论调，还有一个更大的危害：在社会上营造了所谓"躺平"的氛围，从而产生严重的误导效应。这是一种负面暗示，可能起到"教唆"年轻人真的"躺平"的危险作用。因此，绝不能用"躺平"这个伪命题给昂扬奋进的年轻人贴标签、污名化。避免"躺平"论调的存在和蔓延，应当批驳某些网络随意制造不良论调的行为，提醒广大群众不要被这样的错误论调误导，更不能让广大年轻人成为"躺平"论调的受害者。

二、"躺平"与时代思想主流背道而驰

所谓的"躺平"是一种老眼光看问题的论断，这种老眼光不是以客观和发展的眼光看问题，与时代脱节。

"躺平"现象的出现，反映了当代青年中，有少数人已经迷失了前进方向，失去了闯荡的斗志。他们不是在追求美好的生活，而只是满足于勉强活着，失去了闯荡的斗志，与时代的思想主流背道而驰，与人生的价值擦肩而过，是消极回避社会竞争与压力的表现。这样的堕落人生，于个人、社会和国家有百害而无一利。

三、"躺平"逃避不了现实

累了可以稍微歇一会,可不能一直"躺平","躺平"得了初一,"躺平"不了十五。人有与生俱来的责任和义务,无论你"躺"或者"不躺",每个月的房租、房贷、水电费等,它就在那里。"躺平",并不能消解生活的困难,能提供的只不过是逃避真实生活时的一时快意和心灵的暂时慰藉。

四、"躺平"容易站起来难

历史已经证明,"躺"下去或许很容易,可是再挺起胸膛,需要的不仅仅是汗水,还包含了泪水和血水。"躺平"是一面危险的深潭,对于"躺平"者来说,"躺"下容易,但不知不觉之间,生活的浑水就会漫过口鼻,惰性与惯性会使他们起身异常困难,最后变成温水里的青蛙,离曾经的梦想越来越远。"躺平"虽是一种选择,但很多年轻人没有意识到的是,"躺平"的代价,可能并不比奋斗低,甚至要更为高昂。

"躺平"最初表达的是一些人厌恶恶性竞争的心理,他们宁愿主动选择避开高强度竞争,缓解生活、工作的压力,把"躺平"当作一种自我建构的"安全阀"——疲惫的身体需要休息,空洞的灵魂需要精神层面和文化层面的"营养输送"。然而,这样一种面对激烈竞争时的自我心态和行为调适,却被一些人片面简化为将希望和梦想统统抛弃,无所作为、无所事事。这种曲解被少数人宣扬成时髦的立式哲学。如果"躺平"是为了更好地站立,短时"躺平"是为了长期奋斗，那么我们就会举双手赞成。

人不是机器，需要劳逸结合。夜深人静的时候放松"躺平"，白天工作时才会倍有干劲；出门远行旅游时"躺平"，在岗打拼时才会能量满格；心烦意乱时抽身"躺平"，调适自我时才会状态在线。但是，如果一个社会很多人选择一直"躺平"，那么这个社会就必定"躺平"；如果现在年轻人普遍选择"躺平"，那么这个社会未来必定"躺平"。

虽然年轻人面对的压力让人同情，但靠"躺平"终究不能得到幸福，只能无意义且枯燥地虚度青春。国家赋予了年轻人极其光荣的新时代历史使命，也给他们带来了更加广阔的发展天地。

所以，年轻人，拒绝"躺平"。你们正值大好年华，与其怨天尤人、暮气沉沉，不如脚踏实地大干一番，用奋斗闯出属于自己的路。

盛年不重来，一日难再晨。及时当勉励，岁月不待人。哪有时间去消磨，哪有时间去消极？在这个人人皆可出彩的大舞台上，唯有激情奋斗才是主旋律。年轻人的热血注定要激情燃烧，每个人都能唱响圆梦之歌！

（邵伟志 牛萌萌）

18
松动固着信念，化茧成蝶

信念，通俗地讲，就是你所相信的：你应该是什么样的、不应该是什么样的；一定是（不是）什么样的；必须是（不是）什么样的。信念是个人的主观判断，也是一个人的内心运作系统。信念决定行为，行为形成结果，而你的世界最终取决于你的信念。

有些人总觉得生命中有一种无力感，觉得自己被环境、被现实限制住了，当一个人觉得"别人能做到但是自己做不到"的时候，就是"无助"的限制性信念。很多时候，不是我们做不到，而是我们认为自己做不到，将自己限制在了一个狭小的认知世界中，碌碌无为。其实制约我们成长的是烙印于我们内心深处的心灵枷锁。你愿意戴着枷锁，一生受制于自己，还是打破枷锁，活出生命的幸福？我想很多人都会选择后者。

那么，尝试从最简单的事情开始，告别"我不行"，不再否定自己；告别"我不配"，不再忽视自己；告别"我不好"，不再攻击自己；学习自我释放，不再压抑自己；学习自我认同，不再怀疑自己。认识到改变的好处，发挥自己的主观能动性，慢慢向更难、更高层次的事情挑战。"世界无限，除非你设地自限"，不断突破自己的限制，才能变成幸运儿。

　　信念，是见识，是眼界。信念可以激发潜能，而潜能的大小决定着行动的力量，行动的力量将最终产生成效。信念改变了，看世界的眼光也就变了，行动就会跟着改变，而由行动所决定的结果也会改变，人生当然也会改变。生命的改变有时真的很简单，只是一念之转。如果一个人能拥有积极的信念，其所衍生出来的信心极有可能使他完成各种各样的事情，包括那些别人认为他不可能做到的事情，完成自我蜕变，活出自己生命的价值。

（惠淑英　高骁）

19
超越自卑，成就自我

自卑是自我情绪体验的一种形式，是个体由于某种生理或心理上的缺陷或其他原因产生的对自我认识的态度体验，表现为对自己的能力或品质评价过低，轻视自己或看不起自己，担心失去他人尊重的心理状态。

每个人都有或多或少的自卑心理，这些自卑心理存在于我们的生活中，体现在我们的言行举止之间。

一些人被问到他们是否自卑时会坚决否认，"不，我一点也不自卑，恰恰相反，我很自信，我比很多人都要优秀！"细心地观察他们的言行举止，我们可以发现一些端倪：一个自负的人，时时处处都要彰显自己的优越感，这背后的潜台词是，"别人都看不起我，我必须表现一下，不然他们不知道我有多厉害！"这基于一种认知逻辑：我不够优秀—别人会看不起我—我必须证明自己优秀。

事实上，一个真正优秀自信的人，是不需要时时处处证明自己优秀的。当一个人想极力证明自己优秀时，可能他只是想掩饰自己内心深处的自卑。

过度自卑的人，心理上容易情绪低沉，郁郁寡欢，缺乏自信和竞争意识，常因害怕别人看不起自己而不愿与人来往，缺少朋友，顾影自怜，甚至自疚、自责，并常有疲劳感，工作效率较低，缺乏生活乐趣；生理上免疫系统功能下降，容易出现各种病症，如头痛、乏力、反应迟钝、记忆力减退等。

自卑感也并不完全是有害无益的，正是我们内心或多或少的自卑感，让我们有了努力改变、不断成长的动力。

当我们认识到自己在某方面还不够优秀时，如果能确定一个清晰可实现的目标，并为之不懈努力，这种补偿效应就能帮助我们走出自卑的泥潭，把自己推向一个更高的起点。一个身体羸弱的人，发现自己因为生理性不足而屈居人后时，制订一个适合自己的健身计划，坚定地践行计划，日积月累后，体质的羸弱能被后天的锻炼改变，这种改变不一定非要从与别人的比较中获得，只需与自己比较便能看到现在的自己已经超越了过去那个自己。

生活中，不少别人眼中优秀的人，也会陷入自卑的情绪中难以自拔。究其原因，是理想自我过高，与现实自我之间的距离超出了自己能接受的范畴，因而对现实自我产生悲观失望的情绪。

每个人都需要处理好理想自我与现实自我之间的关系。如果理想自我定位过高，难以实现，个体容易对现实自我产生悲观失望的情绪，滋生自卑感；如果理想自我定位过低，使现实自我没有可以成长发展的空间，个体容易安于现状，不思进取；只有理想自我与现实自我之间的距离适度,处于努力就能够着的"最近发展区",个体才能不断获得趋向理想自我的目标感,享受来自超越现实自我的成就感,自卑感也会在这超越中幻化成朝向下一个目标努力的动力,实现成长。

(杨洁 孔源)

婚恋家庭篇

亲情,是一把斜背着的吉他,越到情深处,越能够拨动你的心弦。

01
美好的爱情是相互成就

不知你有没有想过这样的问题：什么是最好的爱情？爱情应该怎样维系才能长久？

在相处中，我们可能常常会用自己的标尺去衡量他人，不自觉地做了彼此的"差评师"，让最初的美好荡然无存；可能也尝试过不遗余力地付出，最后却发现与对方的隔阂越来越深。

其实，最好的爱情不是无尽的要求和盲目的付出，而是共同成长、相互滋养、彼此成就。

我有一个朋友，以前时常对老公大呼小叫。老公做饭时手忙脚乱，她埋怨老公笨手笨脚；老公工作业绩上不去，她责怪老公能力不足。时间久了，老公忍无可忍，也开始还击。接下来俩人就是漫长的冷战。

有一次老公正在写报告，她在电脑桌上倒水时不小心把水杯打翻了。电脑立刻黑屏，无法启动，但文件还没保存。她不知所措，老公也瞬间懵了。让她出乎意料的是，老公只是叹了口气，说："事情已经发生了，最重要的是赶紧拿去修。"那一刻朋友才恍然大悟：

很多时候并不是事情难以忍受,而是自己情绪上的厌烦和执拗引发了指责。

听到过这样一句话:"美好的爱情不是没有裂痕,你不要觉得所谓美好的爱情就是它上面一点刮痕都没有,世界上没有这种感情。"出现问题,不要急着否定对方,首先要做的是解决问题,这才是增进感情的秘籍。

其实,友情也好,爱情也罢,都需要为着共同的目标携手并进。爱情不是一个人的事,单方面的付出只会把一个人累垮,单方面的成长只会拉开双方的距离。想要走得久远,双方一定要努力站在同样的高度,共同成长和进步。

有句话说得好:"一个人的努力付出叫爱,两个人的用心经营才叫爱情。"能够天长地久的爱情,大多是旗鼓相当的,两人相互滋养、彼此成就。

最好的爱情,不是把他改造成你想要的样子,而是让他活成他自己最好的样子。好的婚姻,不是谁改变了谁,而是正视差异和不完美之后,仍然可以坦然接受、不离不弃。

没有什么东西可以一劳永逸,爱情也从来不是坐享其成的事。一段好的爱情,应该伴随着理解和包容,应该让双方在共同努力中绽放光芒、相得益彰。

希望你有对爱情的向往,也能始终把握爱情的走向,让心有所归,爱情踏实稳固。愿我们遇见的爱情,都是最好的模样。

(惠淑英 刘子嫒)

02

接吻，高效直接的"情感探测器"

接吻是一个藏有巨大信息量的动作。

如果多留心，也许你从一次接吻中就能"吻出"这段关系的隐藏信息：当下的情感浓度如何，对方的生活习惯，你们的匹配度，关系是否出现了问题，甚至对方的性爱风格。吻不止浪漫，它还是一个高效直接的"情感探测器"。

一、接吻会影响关系的存亡

在接触了解的约会阶段，一个吻可能直接决定了关系的存亡，它可以让你确认谁是自己的另一半，也能让你对一个本来有好感的人瞬间失去兴趣。纽约州立大学奥尔巴尼分校心理学系的研究者乔戈登·盖洛普发起过一项调查，其中包括一个问题："你有没有发现自己被某人所吸引，但在第一次亲吻之后发现你不再感兴趣了？"在 58 名男性受访者中，有 59%回答了"是"；在 122 名女性受访者中，有 66%给出了肯定的回答。在一项关于接吻质量的研究中，一些人描述了一个吻是如何激发吸引力的："我知道他就是那个人。"也有人表示，如果接吻的部位或技术特别差，那么约会对象的吸引力就会显著下降，即使他在其他方面很吸引自己，"我最糟糕的吻是和一个真的很帅的男人，但是那个吻太可怕了。"研究者分析，人们之所以会对吻如此敏感，也许是因为接吻会激活进化机制，能够帮你判断约会对象的潜在健康状况和性吸引力，防止两个基因不相容的个体发生生育行为。虽然也有案例表明，如果你很喜欢一个人，那你会更愿意忽略那个糟糕的吻，但确实有很多人会因为对接吻质量的感知结束一段关系。

二、决定接吻质量高低的因素

在《关系研究杂志》2020年发表的一篇研究接吻质量的论文中，研究者让691名成年人填写了问卷，请他们描述自己经历过的"最好的吻"和"最糟的吻"。对于一个美好的吻，人们会反复在脑海中重现它的细节，比如当时在身边飘落的彩色纸屑和气球，甚至有人感觉那个吻漫长得持续了一整个晚上。而一个糟糕的吻即便过去很久，也让人很难改变对它的嫌弃。有个女孩回忆起男朋友吃完大蒜面包后的一个吻："好恶心！"研究者归纳了这些问卷，发现最好的吻的特点是激情、爱、期待或惊喜，而不是接吻者的实际技术。而造成一个最糟的吻的因素包括：缺乏火花或激情，吻本身的质量（比如太多的唾液）不高，感觉被迫。还有遗憾的吻：没发挥好，或者觉得它压根不该发生，比如亲了前女友、同事或老板、朋友或者已经有男/女朋友的人。经过总结，他们发现决定一个吻质量高低的因素有以下4个。

（1）物理因素。物理因素是决定一个吻质量高低的突出原因，气味、唾液的量、唇压的程度、接吻本身的技巧……都是影响一个吻的关键要素。有人表示，尽管自己跟接吻的那个人缺乏情感联系，但那个吻本身却让自己感觉好极了。

（2）情感因素。没有感情基础的吻就像嚼一个已经嚼了两小时的口香糖一样让人难熬。对接吻对象的感情会影响你对吻的体验。当你爱上一个人，你就会觉得跟他/她的吻是"最棒的"，也有人会因为很喜欢一个人，对他不够好的吻技表示容忍。

（3）环境因素。环境既包括物理环境也包括人际氛围。浪漫的环境会让一个吻从80分飙到99分，而一个缺乏隐私的环境可能会给你留下心理阴影。有人说："当我们正要接吻时，她妈妈不知从哪里冒出来，我正在亲吻的那个女孩就慌了。"这情境光想想就已经很尴尬了。

（4）情绪因素。瞬间感受到的情绪强度，也可以让一个吻成为最好的吻，比如吵架之后的热吻、久别重逢之后的激吻。许多人说，他们最美好的一吻强化了彼此的情感联系，充满着爱、唤起、渴望，还有激情。

三、频率和动机：亲的越多，关系越好？

理论上来说：是的，不过还要考虑动机。接吻有两个主要功能：性唤起和维持情感纽带。有研究表明，报告接吻频率更高的个人和他们的伴侣也报告了更高的性满意度。对于女性来说，如果她们经常拥抱和亲吻自己的伴侣，跟那些不常亲吻的女性相比，性满意度会翻倍。总之，如果你们很相爱，亲的越多，关系越好，每一个吻，都是情感的增温器。

但人类是复杂的，2017年发表在《性与关系》杂志上的一篇研究把接吻的动机分成两类：性/关系动机和目标导向/不安全动机。性/关系动机就是我喜欢你，对你来电，所以想跟你接吻；目标导向/不安全动机是为了缓解自己的不安全感或者达成某种现实的目的。性/关系动机（可以把它理解为接吻的"正当"动机）包括：我想表达对那个人的爱/感情，这个人很有魅力，我想开始其他的性行为，感觉很好，我想与这个人有联系，我想增加情感纽带，我想被唤起。目标导向/不安全动机（可以把它理解为接吻的"不正当"动机）包括：我对那个人很生气，所以我吻了别人，我想要升职加薪，我想违抗我的父母，我想要一个帮助，我和某人竞争是为了"得到"这个人，我想惩罚自己，我想提高我的声誉，我想成为受欢迎的，我想伤害或羞辱某人，我想让别人嫉妒。如果你接吻的目的属于后者，那"亲的越多、关系越好"就不会成立：动机不纯的吻频率越高，就越伤害关系。比如，它会很容易被解读成不忠，而这会导致关系紧张和破裂。不过，研究发现，"目标导向/不安全动机"的吻发生的概率要比"性/关系动机"低得多，这说明在一般情况下，人们不会把吻当成工具。所以说，接吻应该透露着真心实意，如果你真的存在功利目的，还是要三思而后行，毕竟就算真的这么做了，也不会达成你想要的目的，只会伤害自己和别人。

四、接吻的两性差异

接吻是有两性差异的。很有可能，当你看到一对男女在街头热吻，但他们脑子里想的却是完全不同的东西。女孩："也许他会是我孩子的爸爸。"男孩："接下来是不是就可以更进一步了？"

下面是一些具体的两性差异。

（1）亲还是不亲？女性看牙，男性看脸。对于女性来说，决定是否亲吻某人的一个重要的身体特征是他们的牙齿外观；男性决定是否亲吻女性时，更重视能提供生殖能力的信息：脸、身体和体重。

（2）亲得好不好？女性看味道，男性看舌头。女性更有可能根据呼吸和嘴巴的味道来评估伴侣的接吻能力；男性更喜欢更湿润的亲吻，更多的舌头接触，以及张开嘴巴的亲吻，这可能提供有关女性生殖状况的微妙信息。

（3）吻之后应该有更进一步行为吗？女性要看人，男性就不管那么多了。女性认为，接吻后与长期伴侣发生性关系的可能性，比短期伴侣更大；男性认为无论是长期伴侣还是短期伴侣，接吻都应该导致性行为，而且应该（比女性认为的）更频繁地发生性行为。

（4）男："不吻可以发生性关系吗？"女："想得美！"超过80%的女性表示，不吻绝不会发生性关系；超过一半的男性表示，不吻也可以发生性关系。

（5）发生性关系后应该吻吗？女性："应该！"男性："不必了吧。"女性更有可能在发生性关系后主动接吻（发生性关系前、中、后，都是女性更重视接吻）。男性倾向于在发生性关系后匆忙离开，并表现出情感上的转变。

（6）吻有那么重要吗？女性："当然了！"男性："当然……吗？"在长期关系中，女性不仅认为接吻更重要，而且认为在整个关系中接吻都重要。随着关系的发展，男性对接吻的重视程度会有所降低。女性在接吻时更挑剔，不太可能亲吻她们知道只想发生性关系的人，女性也觉得接吻技术不好的男性不那么吸引人；男性则更容易同意与接吻技术不好的人发生性关系。这表明女性更重视将接吻作为评估配偶的内容，接吻可以让女性评估伴侣的承诺程度。

（7）女："你竟然吻了别人！"男："也吻你一下，你就别吵了。"女性对伴侣亲吻其他人的前景更沮丧，对情感不忠的前景更不安，如果她们的伴侣亲吻别人，她们会比男性更嫉妒；男性会更多地试图用接吻来结束一场争斗，有证据表明，接吻次数越多，冲突解决得越容易，这种吻主要是由男性发起的。

接吻说起来有点儿复杂，但总结起来，也很简单：动机要纯，方法要对，情绪要有。高质量的吻，就是真心加上一点点的技巧。祝你跟有情人，拥有高质量的吻，天长地久地吻下去。

（惠淑英 张洪铭）

03
超越原生家庭，达到自我和谐

原生家庭是指我们出生和成长的家庭，包括自己、父母和兄弟姐妹。在我们人格形成过程中，原生家庭的影响至关重要，家庭的环境氛围、价值观念、生活习惯、互动模式、亲密程度等都会影响我们。

对自己的认识、与他人交往的模式及看世界的角度等，即便是生活在同一个原生家庭的兄弟姐妹，也会因不同的具体家庭生活经历、特有的家庭成员互动体验及对原生家庭个性化的意义建构，而形成彼此不同的个性特征。

原生家庭中的幸福、快乐与和谐，会给我们源源不断地注入成长的营养，让我们能站在更高的起点开启自己的人生；原生家庭中的痛苦、伤害与冲突，会给我们的内心抹上挥之不去的灰暗色彩，让我们在未来的人生中挣扎徘徊。

依恋与分离是人生的两大重要课题。我们每个人都成长于原生家庭，与原生家庭中的父母、兄弟姐妹有千丝万缕的情感依恋，但伴随着成长，我们又都要离开原生家庭，开始自己独立的生活，并组建新生家庭，即由夫妻双方及其子女构成的新家庭。我们很少能从心理上彻底摆脱原生家庭的影响，即使我们远渡重洋，即使我们离开后再也没有重返过原生家庭。原生家庭对我们的影响会在我们的为人处世中，在我们的新生家庭中显露痕迹，我们要么重复着原生家庭的各种习惯和规则，要么刻意去做与之截然相反的事情。一个从小做错事经常被父亲打的男孩，长大后很有可能成为一个打孩子的父亲，因为他从他的父亲那里学到的处理亲子矛盾的方式就是用武力解决；当然他也有可能长大后成为一个无论发生什么事情也绝不动手打孩子的父亲，因为他希望自己成为一个处理亲子矛盾方式与父亲截然不同的人。无论他做何选择，都与他的原生家庭有着无法否认的联系。

心理学认为，世界是物质客观的，但在每个人内心的反映却是主观的。原生家庭之于我们，既是昨天的终点，也是明天的起点。我们无法摆脱过去的经历，也不能否认过去的经历对今天的我们的重要意义，更无法将其遗忘。我们要想实现心理上的成长与成熟，就需要学会重新认识、解释和评估过去已经发生的一切，向着未来的人生、向着更好的自己重新出发，不管原生家庭给我们带来的是爱还是伤，抑或是爱伤参半。

我们要想超越原生家庭，需要不断完善自己的人格，达到既与原生家庭成员保持亲密联系，又在心理和情感上保持独立的自我。首先，要对原生家庭进行积极的意义建构。原生家庭会对我们产生怎样的影响，取决于我们怎样去建构原生家庭对于我们的意义。我们可以从积极的角度解读积极性事件，也可以从积极的角度解读消极性事件，这样无论事件本身如何，它带给我们的意义与影响都是积极的。其次，我们要把改变的起点和落脚点都放在自己身上。不管与原生家庭是和谐的还是冲突的，我们都很难改变原生家庭的其他成员，其他成员也很难让我们改变，唯一能让我们改变的只有我们自己。我们自己的改变也许能带来家庭其他成员的连锁改变，也许不能，但至少我们自己改变了、成长了。最后，坚持自我觉知练习。很多时候原生家庭对我们的影响是我们意识层面觉察不到的，需要我们沉静下来，细心地去分析和解读：自己在处理当下事件时所秉承的惯性模式有多少受原生家庭模式的影响，其中，积极因素有多少，怎样才能继续保持；消极因素有多少，需要如何改变克服。只有深刻认识原生家庭并超越原生家庭，我们才能更好地与他人建立亲密关系，成为更好原生家庭的缔结者，并在此过程中不断完善人格，达到自我和谐。

（杨洁　裴津媛）

04
远离被催婚的焦虑

用家长的视野来确定孩子的婚姻走向，是中国式婚姻的一大特色。随着中国平均结婚年龄逐渐上升，许多一线城市的平均结婚年龄已经突破了 30 岁，亲朋好友的催婚力度也相应水涨船高。婚姻的围墙外，各种各样的花式催婚，折射着父母的焦急和子女的焦虑，使当代年轻人本不"富裕"的精神世界雪上加霜。

其实催婚现象自古就有，传统观念里的"不孝有三，无后为大"就是经典的催婚名句。在传统文化的影响下，家长们普遍认为，孩子迟迟不结婚，会将自己变成旁人茶余饭后的"谈资"，使自己被戳脊梁骨，尤其是在一些传统观念较重的地方。现实社会和自身情感上的压力相互交织，造就了当下大规模的婚姻焦虑现象。

一、焦虑的原因

原因一：唐僧式的唠叨

《大话西游》中，面对唐僧的啰唆劝导，两个小妖精直接自尽而亡的一幕，给我们留下了深刻印象。现实生活中，长辈不停地唠叨你，而你出于尊敬考虑，还不能反击，长此以往，也确实让人郁闷。

对父母而言，所谓的剩男剩女们，都是自己辛辛苦苦培养出来的"产品"，却整天没心没肺地闲在家里，眼看着这"产品"就要"砸"在手里了，难免非常慌乱。时间长了，他们脑子里不免会出现一些形容词，"懒""逃避""啃老""没责任心"，没错，这些词都是形容你的。

对亲戚而言，所谓的剩男剩女们，是自己的晚辈。作为长辈，觉得自己是正义的化身，有义务用道德和自身的正义去约束"不听话"的晚辈。于是"你父母都老了""你也老大不小了""别挑了""我跟你这么大的时候""什么年龄就要做什么事"……这些语句会经常萦绕在你的耳边。

原因二：未来的不确定性

张爱玲说："最怕的是，一个有才的女子突然结了婚。"朱德庸说："恋爱是两个人散打，结婚是两家人群殴。"可见，对婚姻的恐惧普遍存在。其实，所谓的恐婚族，恐的不是婚姻本身，而是婚姻可能会带来的不确定性。

当前，离婚率居高不下，婚姻失败的例子太多。有不少女性认为，结婚后带孩子太辛苦，需要承担的责任太大，会影响自己的容颜和事业发展，因此畏惧不前。如此种种，使部分未婚男女产生心理阴影，感觉未来有太多的不确定性，自己有失控感，与其结婚后遇到这种情况痛苦万分，还不如选择不结婚，更有甚者得出了"结婚=服刑"的结论。

原因三：越来越不自信

从主观因素来看，随着年龄的增长，大龄青年们的青春逐渐远去，容颜也在年复一年的时光中显现出岁月的痕迹，择偶的基础条件正在被慢慢消耗。很多人恋爱失败后，自信心受到打击，害怕失去，害怕被拒绝的心理状态与日俱增。

从客观条件来看，年轻人要结婚真的很不容易。买房几乎要花掉几代人的积蓄，甚至要背上沉重的贷款负担，还要准备一大笔结婚费用，这对很多年轻人而言都是一道很高的门槛。刚刚毕业没几年的年轻人，工作不稳定，根基不牢固，很容易把结婚当成一种负担，不愿结婚。

二、如何走出被催婚的焦虑

其实，被催婚者内心有很多的无奈和委屈是别人无法理解的，不是他们本身不想找、不着急，看着同龄人都出双入对甚至有了孩子，而自己还是单身，难免会着急。

如果在别人的炮轰和舆论压力下，被迫委曲求全，遵照别人的节奏，匆匆相亲，找到一个同样处境下的另一半，完成这个年龄该完成的任务，也可能会拉开一场失败婚姻的序幕。

催婚带来的焦虑不可怕，可怕的是我们没有对抗焦虑的勇气。焦虑是一种心理疾病，对抗他的利剑，也必须是自己强大的心理素质。自己的幸福要把握在自己的手中！

首先，认清所需，坚定立场。

对于催你结婚的人来说，仿佛只要你结婚了，一切就万事大吉了。但你要知道，结婚从来都不是终点，不过是一个开始。

面对别人的旁敲侧击，我们可以采取"非暴力不合作"的策略，坚定立场，坚守初心，向父母说明自己并非不想结婚，但不能因为年龄大了就随便找个人成家，并明确提出自己的择偶标准。在物质、外表、气质、家庭、职业等方面，不妨仔细想想，自己想要的、最看重的，到底是哪几项，想要什么样的对象陪自己度过下半生，并坚持自己的标准。

结婚和工作挣钱并不冲突。不妨给另一半画个像，让自己时刻记住最想寻求的标准，也让别人清楚你的要求，这样大家有了共同的目标，离成功就近了一步。

其次，保持心态，积极主动。

很多人都习惯把顺其自然放在嘴边，其实这是一种消极的逃避心理。往往很多秉承顺其自然心态的人，最后都匆匆和一个差不多的人结了婚。面对被催婚，心态很重要，不逃避，不抵触，积极主动。

每个人都是有优点、有价值的，但并不是每个人的价值和优点都会被发现。要积极展现自己的优点，更多地去接触异性，去扩大交友圈。只有认识更多的人，你找到合适的人的概率才会更大。

相亲其实并不是什么丢人的事情。现在工作压力大，年轻人的活动范围越来越窄，认识异性的机会也更少，所以主动出击，也许能更快找到适合自己的、更优秀的另一半。

最后，消除恐婚，远离焦虑。

婚姻并不恐惧，它像水一样，既能滋养心田，也能把我们淹没。它一直以最真实的面貌和我们相处，我们的恐惧只来自自己，和婚姻没有关联。

萧伯纳有一句名言："想结婚的就去结婚，想单身的就维持单身，反正最后你都会后悔的。"反正都会后悔，就没必要过分担心"一失足成千古恨"，只有自己用心经营，才能获得更多的幸福。面对催婚，如果我们能带着希望、期待、勇气和决心，那么焦虑自然会远去，婚姻也将会坚如磐石，帮我们抵御寒风暴雨，载我们飞向诗和远方。

（马永强　顾嘉鑫）

05
走出失恋的阴霾

有一段时间，一直在和往事、和一段没有结果的感情较劲，心里总有一个名字，不敢轻易提起，脑海里总有一段故事，被深深地刻进记忆里。

似乎看到的许多东西都与她相关，听到她唱过的歌曲、说过的某一句话，看到她喜欢喝的酸奶、喜欢穿的服装品牌……都会不自觉地想起她。

思念如马，自别离，未停蹄，随之而来的是忧伤逆流成河。

比起一段感情的结束，更痛心的是所爱之人对自己的否认。

痛哭过后，剩下的只能交给时间这副最好的良药。

时间会带走痛感，但同样会留下疤痕。我利用仅存的一点理智，为自己开出了一副"解药"，帮助自己逐渐断舍离，放下执念，跟往事干杯……

直到后来和同学小聚，讲起了各自的往事，分享了自己的心结，我才突然意识到，自己已经不难过了。

我像说着别人的故事一样，笑着说起自己的过往，时而调侃，时而自黑。

自制"解药"，用时间慢慢服下，让挥之不去的，慢慢过去；让难以启齿的，一笑而过。

其实，你无法放下一段感情，是因为你的心还没有从对方那里收回。

人的记忆，不像电脑文件，不想要了就可以一键清除，它始终存在，像清晨聚拢的雾气，像傍晚散落的晚霞，在我们的生活里留下印记。

我们能做的只能是减少"毒素"对身体的伤害，尽快服下"解药"，消除负面影响，恢复元气。

一、努力工作，提升自己

网上曾经流行过一句话：人的一生无论可以重来多少次，都会有遗憾；可以回头看，但不能往回走，因为逆行，是全责。

感情结束，你若死缠烂打去挽回，除更好地打击自己的自尊、自信以外，没有任何其他作用。

你失去的不会因为你站在原地就会再次回到你手里。你往前走，让自己变得更优秀，才会赢得本该拥有的。

将心思更多地投入到工作、学习中去，使自己的思想"忙"起来，化悲痛为力量，努力做最好的自己。

工作中，变被动为主动，积极做好工作统筹规划，用心做好每一件小事，享受每干好一件事情后的成就感、小确幸，给自己的心灵一个交代。

工作之余，潜心学习，可以参加一些兴趣班、读书群，通过学习为自己充电。假以时日，生活终将发生翻天覆地的改变，成就更优秀的自己。

二、用心生活，善待自己

时间带不走的，要用新生活去翻越，而新生活要慢慢来。给自己一个时间节点，一般在 3 个月左右，用心过好每一天，让自己活得阳光灿烂。

平时，可以多找家人和朋友聊聊天，和小伙伴们一起出去玩，多结交值得结交的朋友，尽量少一个人待着。

虽然说新的感情是一剂良药，但是不建议马上投入一段新的恋情，因为此时情绪还不平稳，心态也没调整好，对自己、对别人都是一种不负责任的做法。

日常生活中，照顾好自己，精心组织自己的生活，多做做家务，整洁的环境可以对情绪产生积极影响。

为自己做一顿平时最喜欢吃的美味，逛一逛自己最喜欢去的公园，买一件自己看得上的衣服，让平淡的生活中充满温馨，多让自己的嘴角上扬，品味生活的美好。

三、放空心灵，还原自己

万物之始，大道至简，衍化至繁。

我们每个人从出生到死亡都是一个从单纯变复杂的过程：出生时像一张白纸，随着生活阅历的丰富而变得五彩斑斓。

但生活给我们带来的不仅仅是美好，还有一些事情渐渐形成了所谓的执念，困扰着我们。

感情上一时的困扰，需要有意识地去放空自己的心灵，才能轻装上阵，回归生活美好的本真。

读一部经典、抄一首诗词，让心灵驰骋中外、神游古今，感受苏东坡"回首向来萧瑟处，归去，也无风雨也无晴"的豪迈。

跑一次马拉松，亲近大自然，清除痛苦的记忆，将压力归零，感受"呼吸吐纳尽自在"的畅快。

听一段音乐，看落日长河，听《渔舟唱晚》，感受"落霞与孤鹜齐飞，秋水共长天一色"的静谧。

品一杯清茶、赏一轮明月，将喧闹归零，感受弘一法师参禅悟道的安宁。

时间是最好的过滤器，岁月是最真的分辨仪。

这个世界上最好的放生，就是放过自己。别和往事过不去，因为它已经过去了；别和现实过不去，因为你还要过下去。

要相信，未来还会有人千山万水赶来爱你，还会有无数不期而遇的惊喜。

漫漫时光，你别着急，该放下的，及时放下；放不下的，就与时间慢慢和解。

但愿心存执念的你，能够及时放下、回归安宁，可以随时笑着说一句：生活，我依然爱你！

（马永强 焦子）

06
孩子发脾气时，父母的回应很重要

很多父母都遇到过这样的情况：孩子因为一点小事，突然情绪失控，或者大哭大闹，或者发脾气，甚至还会摔东西、动手打人。这个时候，父母往往会忍不住要介入：温和一点的，可能会不停地讲道理，教育孩子；强硬一点的，可能会大声训斥，甚至惩罚孩子。但很快，你就会发现，没用！明明说得好好的，但到了下一次，孩子还是会不由自主地情绪失控，甚至还有可能会变本加厉。为什么你的方法不管用？

一、假设你温和地讲道理

哭解决不了问题，要学会克服困难；发脾气会破坏关系，要学会去表达；你长大了，要学会为自己的情绪负责……这些道理，听起来都很正确。但同时，孩子也会感受到一种否定：我这样做不对，我应该改正。否定，意味着他当下的情绪和需求没有被看见。为了寻求被看见，日后他很有可能会故伎重施，甚至变本加厉。

二、假设你训斥、惩罚他

命令他立即停止无理取闹；没收、摧毁他的心爱之物；将他狠狠地收拾一顿……忌惮于你的权威，孩子通常会认错，做出所谓的改正。但同时，也伴随着深深的恐惧：我的"真情流露"是不被允许的，是会受到惩罚的。为了规避惩罚，孩子往往会不断压抑自己的情绪。长此以往，可能会导致抑郁；也可能会在未来某一时刻，以一种极端的、极具毁灭性的方式，彻底爆发。"一向听话的孩子因抑郁自杀""名校高才生走向反社会不归路"的例子并不少见，令人唏嘘。

通过以上分析，我们不难发现：面对孩子的情绪失控，无论是说教还是强势压制，都会无形中助长孩子的进一步失控，因为他的不良情绪始终没有被看见、被接纳，从而也就失去了转化的可能性。

三、孩子情绪失控，父母该怎么回应

分享一个真实故事。多年前，我在一个澳大利亚家庭换宿，里面住着一对40多岁的白人夫妇和7岁的养女翠西。翠西出生于一个充满暴力的家庭，从小备受虐待，6岁时经相关部门协助，被送到寄养家庭。当时发生了一件事，令我印象非常深刻。有一天晚上，大伙围着餐桌吃饭聊天。翠西由于刚拔完牙，咀嚼不便，只能吃面条。后来大家聊到一件趣事，笑了起来。不知怎么回事，翠西突然就情绪失控了，"砰"的一声把碗摔到地上，一手捂着脸痛哭，一手指着养父母大骂脏话。在旁人看来，这简直是太无理取闹、无法无天了。

但令我感到诧异的是，翠西的养父母，既没有生气，也没有失控，而是安静地坐在那里，温和地看着翠西，不做干预。后来，在翠西持续不断的谩骂中，我们逐渐清楚了她愤怒的缘由：她刚拔完牙，经受着肉体的疼痛，大伙却在饭桌上谈笑风生。在她看来，大伙的笑，既是对她内在痛苦的无视，也是对她拔完牙后"滑稽模样"的嘲笑，从而勾起了她过往一个人惨遭虐待却无人问津的痛苦回忆。因此，她不由自主地情绪失控了。知晓了翠西的真实感受，养父母并没有强行纠正，而是坚定且温和地看着翠西，一遍遍地澄清："我们并没有嘲笑你，我们都很爱你。"持续发泄了40多分钟以后，翠西才逐渐恢复平静，转而低下头轻声抽泣。这时，养母才轻轻走到翠西身边，温柔地把手伸向她。一开始，翠西本能地把身子扭过去，回避养母的目光。但养母耐心等待着，没有强制向前，也没有转身离开。僵持了十几分钟以后，翠西才慢慢转过身，用小手轻轻拍了拍养母的手，笑了。那一瞬间，我被深深地触动了。那是我见过关于母女联结最温馨的画面，它与血缘无关，与包容有关。第二天早上，翠西在餐桌的留言本上，歪歪扭扭地写下了一行字："爸爸妈妈，我爱你们。"然后，她就蹦着跳着上学去了。透过翠西的故事，我们可以看到：孩子情绪失控时，父母最好的解决方式，不是强行介入干预，而是包容。

　　心理学家比昂曾提出过著名的"容器理论"：孩子需要从父母那里获得容器般的安全感——无论自己的冲动或破坏性有多严重，父母依然能够站在那里。只有这样，孩子的负面情绪，才有可能得到转化。具体如何转化？心理学家温尼科特说过，每个人的自我就像是一个能量球。想象你是一个能量球，你的任何一个动力，如欲望、需求和想表达的声音、情绪等，都是一个能量触角，就像章鱼伸出的触角一样。这个能量触角，本来是灰色的、中性的。如果能够被其他能量球接纳，你们两者之间就建立了关系，它就会被照亮，变成白色能量，即爱、热情与创造力等。相反，如果没有被接纳，而是被拒绝或被忽视了，它就会变成黑色能量，即恨、攻击与毁灭欲等。如果这份黑色能量继续向外表达，就会变成对外界的攻击，也就是破坏性。就像翠西，她在生命的前6年惨遭粗暴的拒绝、忽视，形成了黑色能量。一旦创伤激活，情绪就会失控，她就会猛烈地攻击他人，造成破坏。但如果黑色能量不向外表达，而是转向攻击自己，就会构成自我压制。我们平时所说的"无力感"，其实就是黑色能量向内压制自己的结果，这也是抑郁症的诱发原因之一。

综上分析，我们可以看到：黑色能量和白色能量，本质上是一回事，区别仅仅在于，它们是否被看见了，是否在关系中被接纳了。所以说，孩子情绪失控时，转化黑色能量的关键，不是强行介入干预，而是包容。这个过程，我们称之为"去毒化"——将孩子有"毒"的黑色能量，经由养育者的心力转化成无"毒"的白色能量，再返还给孩子。翠西情绪失控、陷入暴戾时，养父母既没有被她打倒，也没有离开，更没有报复性地惩罚她，而是始终稳稳地坐在那里，带着爱包容了她的攻击，并深深地理解了她的不安——"我们并没有嘲笑你，我们都很爱你。"这就意味着：你的黑色能量被我承接、被我允许，并经由我爱的目光看见。于是逐渐地，它就转化成了白色能量——"爸爸妈妈，我爱你们。"

这听起来很容易，但要真正做到，却是相当难的，因为很多时候，当孩子情绪失控时，我们很难做到情绪不受干扰。主要原因有两点。一是我们害怕失控。试着回忆一下，孩子突然情绪失控，身为父母的我们，是什么感受？也许，你会愤怒，因为孩子对你有攻击；也许，你会自责，觉得自己不是好父母；也许，你会深感无力，不如如何是好……在某种程度上，你或许也陷入了失控。失控，意味着秩序的崩塌，也意味着，我们原来的经验模式不再起作用了。这时，紧张、焦虑、恐惧、无力等情绪会接踵而来，令人深感痛苦与不安。我们害怕失控带来的种种负面体验，也因此，我们无法容忍孩子的情绪失控。而你透过心理学的视角去看，就会减少一些对失控的恐惧。孩子情绪失控，多半是因为他积压了太多黑色能量，已经招架不住了。他是在故意制造混乱吗？不是，他其实是在向你求助。这样，我们眼前看到的，便不再是一个充满恶意的"小魔王"，而是一个不知所措的可怜孩子。二是我们自己也不曾被包容过。很多父母，从小生活在一个缺乏包容的环境里，内在的情绪从来不曾被接纳。因此，我们自己也不懂得如何包容、转化孩子的负面情绪。这个时候，父母首先应该做的，是自我觉知与成长。可以尝试进入一段安全的关系，去体验这种情绪被接纳、被包容的感觉；也可以通过冥想、内观、写日记等方式，在一个平静的状态下与自己联结，去觉察真实的内心，去释放未表达的情绪，去拥抱曾经那个充满恐惧、无助的内在小孩，让自己的内在情绪慢慢被接纳，实现自我赋能。以一个成人的姿态陪伴着内在小孩慢慢长大，是每位父母应做的功课。你成长了，孩子会跟着成长；你成熟了，孩子也会跟着成熟。

　　人和人联结的意义，往往在于让彼此的欲求在关系中流动，转化成源源不断的白色能量，照亮彼此的生命。无论是与孩子的关系，还是与伴侣的关系，抑或是与朋友的关系，都是如此。这也许会让你感动，也许会让你觉得有压力，因为并不是所有人都能做到像翠西养父母那样，能够处之泰然地在关系里包容失控。有时候，我们确实做不到，或者不愿意那样做，又该怎么办？其实没关系，诚实反馈就好。在关系中，当对方情绪失控，攻击了你，而你也不由自主地失控了，你可以告诉对方："你的愤怒攻击到了我，我能力有限，承受不了你的攻击。"理智区分对方投射过来的黑色能量，不被它吞噬，也不与它对抗；诚实反馈黑色能量给你的感受，不过度夸大，也不强行压制。这个过程，本身就是一场修复和治愈。

（惠淑英　张洪铭）

07
这样夸孩子才有效

正确地夸奖孩子，也是一门学问！

在日常生活中，孩子会带给我们很多惊喜，让我们忍不住夸赞，不过赞美孩子也有大学问。研究表明，总是说"你真棒""你真聪明"，并不利于孩子的长远发展。夸孩子要讲究方式方法，我们可以赞美孩子的努力、做事的过程，或者思路等。

如何表达才是对孩子最适用的夸奖方式呢？一起来看看这些基础的表达方式，让自己夸孩子夸到点上（见表一）！

表一　如何夸孩子

诀窍	错误的表达	正确的表达
1. 夸奖孩子要在事后，不能在事前	妈妈觉得你画得很好，赶紧画一幅吧	只要你像今天一样多多练习，会画得越来越好的
2. 用具体行动代替敷衍	妈妈相信你是有能力的	你跟同学关系处理这么好，对老师分配的任务也积极去完成，妈妈相信你是有能力胜任班长的

续表

诀窍	错误的表达	正确的表达
2. 用具体行动代替敷衍	老师说你肯定能学好数学	最近你一直在钻研数学，经常去请教老师，老师说按你这样的努力，会学好数学的
3. 少夸些长相、智力，多夸努力	你真漂亮	孩子，你要一直努力才会拥有真正的漂亮
	你比其他孩子聪明	
4. 夸奖来自内心，不能虚情假意	孩子学轮滑时，夸他：你滑得真好	学轮滑是一件比较难的事情，但只要你多多练习，摔倒了再爬起来，一定会掌握的
5. 用相信代替羞辱	某某都可以，你怎么做不到	谁也不是天生就会的，慢慢学，妈妈相信你一定会做到的
	教了这么多遍还不会，你真笨	
	瞧你这德性	
6. 用理智代替强迫	吃也得吃，不吃也得吃	你可以不吃，但是如果你饿了，就只能等到下顿了，其间是没有任何东西吃的
	我说不买就不买，必须听我的	哭闹解决不了问题，你要用道理说服妈妈
7. 用示弱代替命令	也不知道帮着拎点东西	老人走不动路了，还是需要年轻人帮忙拎着包啊
	这点东西都记不住	你怎么记住那么多，我就不行，快点告诉我诀窍
8. 用偶尔代替总是	你总是犯错	偶尔粗心是正常的，但不能老犯同样的错误
	你总是让人不省心	你偶尔让别人操心是正常的，但要学会独立

看完之后，你知道如何夸孩子了吗？

一、夸具体不夸全部

"孩子真棒",这样的表扬对很多家长来说轻车熟路。在家长眼里,孩子的每一个成长细节都是值得惊叹和赞美的——孩子会笑了、会翻身了、会说话了……就是在这种不断的惊喜中,家长习惯了对孩子说"真棒!""真好!"这样的评价,甚至一句轻轻的"啊"都充满着赞赏的语气。家长随口的夸奖,可能意识不到会带来怎样的消极影响,但有一天,你会发现孩子变得害怕失败,经不起一丁点儿挫折了。总是笼统地表扬孩子,比如"你真棒",会让孩子无所适从。也许孩子只是端了一次饭,妈妈与其兴高采烈地表示"好孩子,你真棒",不如告诉他"谢谢你帮妈妈端饭,妈妈很开心"。有针对性的具体表扬会让孩子更容易理解,并且知道今后应该怎么做,如何努力。

二、夸努力不夸聪明

"你真聪明!"——又是一个家长惯用的评语。家长如果对孩子的每一个进步都用"聪明"来定义,结果只能是让孩子觉得好成绩是与聪明划等号的,一方面会使他变得"自负"而非"自信",另一方面,也会使他在面对挑战时回避,因为不想出现与聪明不相符的结果。

在一个实验中,研究人员让幼儿园的孩子们解决了一些难题。然后,他们对一半的孩子说:"答对了 8 道题,你们很聪明。"对另一半说:"答对了 8 道题,你们很努力。"接着给他们两种任务选择:

一种是可能出一些差错，但最终能学到新东西的任务；另一种是有把握能够做得非常好的任务。结果 2/3 被夸聪明的孩子选择了容易完成的；90% 被夸努力的孩子选择了具有挑战性的任务。

三、夸事实不夸人格

"好孩子"这样的话是典型的"夸人格"，家长们会无心地将其挂在嘴边。但"好"是一个很虚无的概念，如果孩子总被扣上这样一顶大帽子，对他反而是一种压力。

如果家长的称赞总是"言过其实"，孩子会有压力，觉得自己不配这样的赞美，他们会怎么办呢？那就是在你刚刚赞美完他的时候，他就做出让你头疼的事情，以示"真诚"。

（惠淑英　张洪铭）

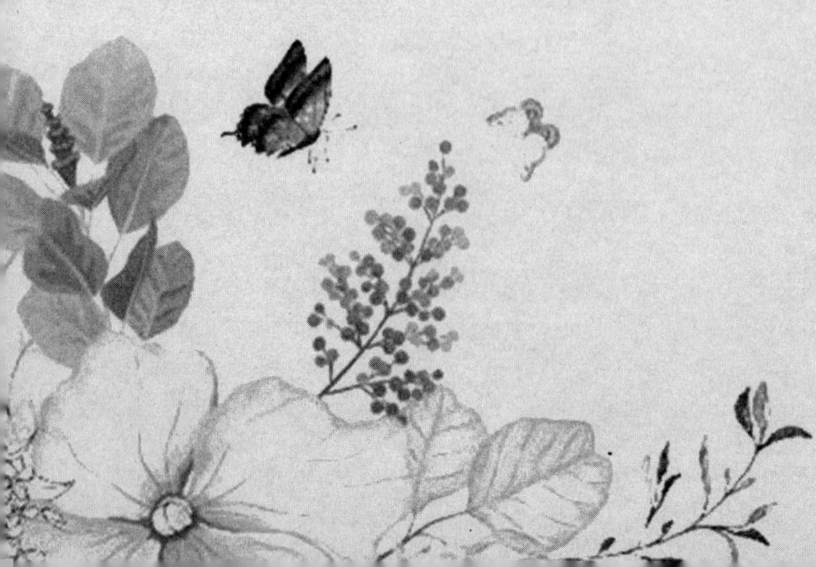

战胜挫折篇

卓越的人一大优点是：在不利与艰难的遭遇里百折不挠。

——贝多芬

01
人生可贵在于战胜自己

脆弱的种子突破层层障碍最终长成参天大树，娇嫩的花朵破出花苞在繁世绽放，一花一树、一草一木都有自己的归属，也终究会有属于自己的那一份成功。而人生的成功，在于超越自己。人生最大的敌人不是别人，而是自己，只有战胜了自己，才能战胜困难。

一、放下负担，带上热爱

曾经，苏格拉底背着繁重的行李去旅行。走了一段时间后，他发现自己逐渐体力不支，步子慢了下来。这时，他看到一个十多岁的小女孩背着一个小男孩，步履轻快，似乎走了很远也不觉得累。苏格拉底诧异地问小女孩，小女孩回答说："我背的是我的弟弟，怎么会累呢！"苏格拉底幡然大悟："自己背的是负担，而小女孩背的是爱。"如果你将工作与学习看作一种负担，那么迟早有一天你会觉得不堪重负，最后不得不选择放弃；可若是自己热爱的事，自己热爱的生活，我们的生活将无比幸福！

二、抛弃懒惰，努力奔跑

懒惰会毁掉一个人的人生，努力才能换来绚丽多彩的人生。"人生最大的遗憾，不是你不可以，而是你不曾为了自己想要的生活去努力。"人生宝贵，请不要因为懒惰而虚度自己的光阴，趁时光正好，珍惜自己的每一天，保持积极乐观的心态，认真工作和学习，努力奔跑在人生的康庄大道上。幸福和成功就在前方，你的汗水终会浇灌出美丽的花朵！

三、放下怯懦，勇敢前行

米歇潘说过："生命是一条艰险的峡谷，只有勇敢的人才能通过。"人生本就不可能一帆风顺，挫折和困难是难免的，但是请不要因为这些挫折就畏惧前方、停滞不前。挫折与困难就像弹簧，你弱它就强，你强它就弱。以积极的心态面对生活中的困难与挫折，用自己的勇敢打破阻挡自己奔跑的一切障碍，胜利就在前方等你。

四、减少抱怨，乐观积极

抱怨是腐蚀心灵的毒药，更是人生幸福与成功的天敌，乐观积极才是我们幸福人生的营养液。世事没有明确的对与错，任何事物都有两面性，关键在于你以怎样的心态去看待。一朵花凋谢了，总是抱怨的人会说："烂在了泥土里。"而积极乐观的人会说："很快就可以收获果子了。"木心曾说："所谓无底深渊，下去，也是前程万里。"乐观的人总是能看到生活中别样的风景,所以,减少抱怨,以昂扬积极的心态去看看周围的景色吧!

五、抛却浮躁,脚踏实地

人都渴望用最快的方法取得成功,寻找所谓的捷径,却时常忘记了脚踏实地的重要性。"合抱之木,生于毫末;九层之台,起于累土。"世界上从来就没有从天而降的幸运和成功。钱三强先生曾说:"古往今来,能成就事业,对人类有作为的,无一不是脚踏实地,艰苦攀登的结果。"脚踏实地是一切成功的基础,是打好人生根基的重中之重,认真走好通往成功的每一步,才能收获属于我们自己的美好风景。

人生的价值在于不断挑战自我、超越自我,那些所谓的"舒适圈"只会慢慢地消磨人的意志。为了不负青春、不负年华,不妨跳出自己的"舒适圈"。抛下负担与压力,带上热爱与坚持,不断超越自我,向着自己远大的理想与美好的未来奔赴。莫要畏惧前方的艰险,愿你在超越自我中找到属于自己的那片灿烂天地,那时,山海星河都将为你献上祝福。

(张玲瑜 黄小轩)

02
阳光总在风雨后，请相信有彩虹

步入信息时代，人们在高速发展的科技洪流下被裹挟着前进，被动地接受周边环境的日新月异，适应不断更迭的工作要求，应对家庭中的情感需要……我们总在忙于奔波，忙于应付身边的风雨侵扰。一些人在困境中选择自我放弃，停留在消极的情绪中瑟瑟发抖、不去改变，但另一些人选择做出行动，在咬牙坚持中迎来生活的转机。

叔本华说过："通常，妨碍我们发现真理的是我们先入为主的观念和偏见。"思维具有惯性，一味地逃避只会令人丧失解决问题的勇气，敢于直面困难，摆脱思维定式造成的干扰，生活才会充满希望的光。

人生没有剧本，不会一帆风顺，但也不会一路坎坷，成败往往取决于个人的意志力。心灵的力量是生活的重要支撑，请一定要相信，乌云背面，阳光就在那里；风雨过后，彩虹才会降临。

一、历经风雨，书中寻得灵魂之悠然

书中蕴含着令我们平静下来的力量。刚步入大学的我对生活曾有过迷茫，是阅读让我找回了自己。我在《谁动了我的奶酪》中学会在事情的变化中向美好的那一片天空奔跑；在《向上生长》中学会如何去正视自己的内心，遵循变得更好的渴望；在《认知觉醒》中学会分析自己的焦虑心理，懂得遇事先思考的道理……

书中蕴含着前人的智慧。通过读书思考，我们能触类旁通，引起思想的共鸣。进而会发现，现实社会中的孤独并不映照在精神世界中，"阳光之下没有新鲜事"；我们超越时空共同走在探索世界的道路上，"前人之事为今日之用"。我们需要在书中寻得灵魂之悠然，在书中寻求他人之所学。

二、历经风雨，探索破局的方法

昔日，越王勾践卧薪尝胆，终成"三千越甲可吞吴"的神话；霍金患有渐冻症，却身残志坚，在轮椅上仰观宇宙，著写《时间简史》，获得"沃尔夫物理学奖"的奖章。遍寻规律，在艰苦困境中，伟人都是在积累底蕴，磨砺自身后，最终逆转人生局面的。"人生没有过不去的坎"，回首过去，辛酸的经历都是存在于岁月过往中的宝贵财富。

雷锋说："不经风雨，长不成大树；不受百炼，难以成钢。"徐特立说："有困难是坏事，但也是好事，困难会逼着人想办法，困难环境能锻炼出人才来。"事物的好坏往往由个人的心态所决定，我们畏惧困难造成的阻碍，却忽视了苦难带给我们的成长。面对一件棘手的事情，不再逃避，而是想着如何去解决，下定决心，成功就在不远处。

三、历经风雨，感悟成长的幸福

春生花海，夏有荷塘，秋得硕果，冬获素装，四季轮转之下，生活中不只有繁杂的事务，还有斑斓色彩、璀璨自然。雏鹰脱去陈皮旧羽，在反复的自我摧残中不断成长，最终搏击狂风，成就天空的梦想；叶上的毛虫，日复一日，在机械吃喝的生活中积累能量，岁月流转后结茧破茧，最后舞于叶丛花海，成就优雅的姿态。生活不只有眼前的方寸之地，世界广阔浩瀚，乐趣无穷。

积蓄面临风雨的勇气，在风雨到来时抗击风雨，不断前行，在彩虹到来时欣于看到世间的美好。正如《真心英雄》里的一句歌词，"不经历风雨，怎能见彩虹，没有谁能随随便便成功。"在人生这条道路上，打不倒我们的，都会促使我们迈向更远的远方。

（陈锦志 张倩倩）

03
失意时，请选择乐观"疗法"

人生不如意事十之八九，理想与现实的差距随着年龄的增长在我们身上愈演愈烈，生活中的诸多压力像潮水一样扑面而来。在这种时候，一部分人会被悲观情绪环绕，最后变得一蹶不振，甚至怨天尤人；而另一部分人则会积极面对，以乐观的"良药"治愈自己，自然看到了人生别样的风景。

乐观是什么？

乐观就是在逆境中也能保持较好的心态，积极进取。乐观的人，往往不会在意事物的负向价值，而是善于通过心态的调整与自身的努力来克服困难，将正向价值发挥出最大的积极效应。他们会比悲观主义者更容易解决问题，也有更大概率走向成功。

当你处于失落沮丧的情绪时，擦干眼泪，挺一挺也就过去了；碰到困难危险的事情，丢掉抱怨，笑一笑也就完事了。拥有了乐观，即便在面对生活中的潮涨潮落时，内心也能风平浪静，泰然自若。

乐观疗法分"三步走"。

一、微笑向暖，朝阳生长，生活便会对你报之以歌

"宠辱不惊，闲看庭前花开花落；去留无意，漫随天外云卷云舒。"这种随心所欲并非佛性，而是一种处世的境界、一种淡然的心情、一种良好的心态。老人常说："高兴是一天，不高兴也是一天，不如高高兴兴地过完每一天。"好的心态不仅可以带来幸福感，好运也会随之而来。微笑向暖，安之若素，你若盛开，清风自来。

二、多关注事物积极的一面，少关注事物消极的一面

事物都是有两面性的。你无法决定生命的长度，但是你完全可以改变它的宽度；你不能左右天气，但是你可以转换心情。当你想出门逛街的时候，天气晴朗固然能让人心情舒畅，若是不巧遇上暴雨，糟蹋了好心情，不如这样安慰自己："真好，这下不用被阳光晒到了。"当你无法以一己之力扭转某些不可抗因素时，完全可以换一种角度思考问题，这样你就会发现，其实人生的山穷水尽后，往往别有洞天。

三、保持积极进取，努力战胜困难

患病的霍金始终以乐观幽默的态度笑对生活，与病魔奋战，最

终著就了《时间简史》；苏轼连续被贬，却依旧保持一颗进取之心，能在各个地方有所作为。事物的结果并非一成不变，一些坎坷困难只是人生的考验与历练，假如你抓住机会，迎难而上，事物的走向也就会朝着利于自己的趋势发展，不好的结果不仅可以逆转，你还可以收获更加珍贵的东西。

（姚家宁 吴菁）

04
改变环境，不如改变自己

　　人生之所以精彩，是因为它是一个变量，而非一个常量，人只有在不断变化的环境中才能慢慢成长。在人的一生中，我们会面临很多环境的改变，但并不是每一次改变都是我们想要的，有的改变可能会给我们带来不适，甚至让我们心生绝望。有时候环境的改变不是我们能左右的，我们能改变的只有我们自己。正如弗洛姆所说，"世上没有绝望的处境，只有对处境绝望的人。"

一、面对新环境，需要有正确的认识

　　面对环境的改变，有时我们会认为是从"顺"境，到了"逆"境，因此心情低落、埋怨不断。但是面对不一样的环境，我们要有一个正确的认识。每个人都有自己的舒适圈，当你迈出舒适圈的那一刻，你就会觉得你到了"逆"境，但往往是"逆"境才能出人才。当我们把每一次环境的改变都看成人生的一次历练时，我们才能更加从容地去适应新环境。

从高中到大学是一个非常大的变化：生活环境的变化，交际圈的变化，各种从来没有经历过的事情，等等。在初期这种变化确实让人难以适应，甚至产生打退堂鼓的想法。不过随着日子一天天过去，慢慢地去观察这个新的环境，会发现其实新的环境也很有趣。其实不存在绝对的"逆"境，善于在"逆"境中发现精彩，所谓的"逆"境也可以和"顺"境相互转换。

二、面对新环境，需要主动地去改变自己

达尔文在《进化论》中的一个观点揭示了生物进化的本质：适者生存。当自然环境发生巨大改变时，如果物种的基因不发生改变，就很有可能会被环境淘汰。生长在荒岭绝壁的松枝，因为积极地适应恶劣的环境，成就了"枯松倒挂倚绝壁"的绝景；生活在干旱大漠的仙人掌，因为积极适应缺水的条件，塑造了个性的身材；叫人叹为观止的瀑布也因积极适应，才造就了"飞流直下三千尺"的壮观。人类生活亦是如此，面对生活中环境的改变，如果我们不主动改变自己去适应环境，在生活中被淘汰的就很可能会是我们自己。面对不同的环境，需要做出不同的改变，这样才能在这个多元的世界中活得精彩。

适应是一种放弃，放弃舒适圈和固有模式；适应是一种接受，辨别性、选择性地接纳；适应还是一种改变，对自己、对生活环境进行适当的改造。蒙田曾说过，"既然不能驾驭外界，我就驾驭自己；如果外界不适应我，那么我就去适应它。"面对不适应的环境，积极

主动地去改变自己，别让外界环境成为我们成功的绊脚石。

很喜欢周深演唱的《和光同尘》，"和光同行，跌跌撞撞地摸索；和光同舞，奋不顾身的坎坷；和光同尘，不为盛名而来，不为低谷而去。"

（毛文轩　柴永琪）

05
无法做到无敌，但可以学会自愈

　　成年人的世界，没有容易二字：有的人事业坎坷，辛辛苦苦度过半生，却又重新走进风雨；有的人感情不顺，爱人不见了，却无处喊冤；有的人疾病缠身，曾经星光下做梦的少年，却因脆弱的身体迷失在黑暗中……面对生活的戏谑，是消极抱怨还是积极面对，不同的人有不同的应对方式。有的人，生活遇到一些不如意，便会唉声叹气、怨天尤人；工作稍有不爽，就对家人大发脾气、冷脸相对；受到一点不公正对待，就板起面孔一整天，没完没了。结果，快乐在无形中被剥夺，得不偿失。与其自怨自艾，不如高歌猛进；生命以痛吻我，我要报之以歌。

一、事业一时不顺遂，卷土重来未可知

　　福楼拜有句名言："人的一生中，最光辉的一天并非是功成名就的那天，而是从悲叹与绝望中产生对人生的挑战，以勇敢迈向意志的那天。"人生就像波浪，有高潮，必定会有低谷。博大精深的《易经》告诉我们，有"亢龙有悔"，必定会有"潜龙勿用"。处于低谷时

期的"潜龙",就要积极准备、坚守信念、不失真心,为以后做好准备,切不可自暴自弃。就像歌曲《从头再来》中唱的那样:"心若在,梦就在,天地之间还有真爱;看成败,人生豪迈,只不过是从头再来。"

二、感情即使不如意,梧桐枝繁凤来栖

人的一生,有成功亦有失败。在感情方面,要择一良人共度余生,往往要经历很多感情波折,其间难免会有"差一步美满,就牵着手走散"的挫败感,也有"不甘愿人生苦短,可谁都不是神仙"的慨叹,这些都是为遇见对的人埋下的伏笔。与其"笑渐不闻声渐悄,多情却被无情恼"的相思苦,不如种好自己的梧桐树,不怕没有凤来栖。就像歌曲《凡人歌》里唱的那样:"人生何其短,何必苦苦恋,爱人不见了,向谁去喊冤,问你何时曾看见,这世界为了人们改变。"潜心做好自己,你若盛开,蝴蝶自来,你若精彩,天自安排。

三、命运虽有不公正,我辈岂是蓬蒿人

人生当中难免会遇到一些不公,摧残与考验着人的心灵。别人如愿以偿,自己却大失所望,羡慕的不能拥有,牵挂的不能相守,想放弃又不甘放手,想忘记却习惯回首。然而,也正是这些不公和委屈,慢慢撑大了人生的格局。海伦·凯勒有句名言:"人生最大的灾难,不在于过去的创伤,而在于把未来放弃。"这句话也诠释了她

"我命由我不由天",一生对不公命运的积极抗争。苏轼一生身陷政治的暴风骤雨中,宦海沉浮,屡遭无端贬谪,但他始终笑对人生,以"一蓑烟雨任平生"的豁达,终成一代大家。

成年人的世界,往往崩溃于无声,每个人的心里都潜藏着一条悲伤的河流。你有你的疼痛,我有我的艰辛,并非不懂,只是无暇顾及。生活本不易,如人饮水,冷暖自知。无法做到无敌,就要学会自愈。

自愈,是人生最好的药剂。

(马永强 牛萌萌)

06
歌声里"抗挫"

人生，总是在成功与失败、希望与失望、欢乐与痛苦中演绎一幕幕难忘与忧伤，不可逆的路上没有一马平川的坦途，也没有越不过的高山峡谷。

挫折感，是遇到障碍或干扰时的情绪反应。这种情绪多多少少会带来一些伤害，随着时间的推移，处理得好，会自我化解，绝处逢生；处理得不好，会形成"郁结"，伤心伤身。

古埃及曾有"音乐是人类灵魂的妙药"之记述，那么这种"药"在安抚灵魂、化解挫折中究竟妙在何处呢？高兴时听听音乐，周身会充满能量；悲伤时听听音乐，音律会带走怨气。

我们每个人或多或少都在扮演着自己的心理治疗师。想对那些遇到挫折的人说，在"抗挫"的路上动听的旋律是"疫苗"，优美的歌词是"良药"。

一、明白好事坏事皆是考验

走运时抱定初心，想着未来，且行且珍惜；痛苦时积极乐观，坚韧不拔，峰回路转。人生的时空轴上可能没有顺风顺水的刻度，但一定会有跋山涉水的刻骨。

先贤孟子思考"天将降大任于是人也，必先苦其心志，劳其筋骨，饿其体肤，空乏其身……"何尝不是自己经历的大彻大悟。应该以怎样的态度面对考验？实践证明，越是开朗、乐观、坚韧，越容易走出困境，通向峰顶。

当植物受伤时，会做出应激反应，更加茁壮成长。相比自然成长的树木，被修剪的树木长得更快。自然界尚且如此，何况智慧的人呢！

现代社会的工作节奏快、压力大，需要必备的不止"十八般武艺"。从"吃不消"到最终的"摧不垮"，不断的锤炼是工作、生活给予的特殊馈赠，只有敢于"会当击水三千里"，才能品尝成功之自信。伏尔泰曾说："人生布满了荆棘，我们知道的唯一办法就是从那些荆棘上面迅速跨过。"

歌曲《爱的代价》里有句歌词很洒脱："走吧走吧，人总要学着自己长大；走吧走吧，人生难免经历苦痛挣扎。"要时刻告诉自己，"逆境是上天赏赐的，目的就是让我们变得更加强大。"

对待挫折，青年人更要洒脱一些，要做到不负时代、不负韶华，要有"腿肚子不抖，腰杆子不弯"的志气、骨气、底气，灵魂深处要有敢于逆战的精神支撑。

二、主动降低期望，迂回前行

期望是保持前行的动力。我们总有各种各样的期望，但有时候，天不遂人愿，想要什么，也努力了，偏偏不来什么。特别是和别人拥有共同期望时，别人已经得到了，难免感到失落、挫败、孤独，甚至怀疑人生，这都是正常表现。苦读十几年，自信满怀，可高考的分数与理想的大学门槛相差甚远，即便委屈自己也依然滑出了红榜单。

曾经在老师和同学眼里一定能行的你难道就此否定自己，用逃避填补痛苦吗？不，人生是个长期博弈的过程，不能带着屈辱感、自卑感对待高考失利，这仅仅是人生路上的一个小路标。一时失利不能否定一切，青年人最大的优势就是有精力、有资本破釜沉舟、卧薪尝胆。

仔细想想，面对挫折，如果没有痛定思痛的心理表现，岂不成了不思进取之人？我们可以痛苦一阵子，但不能让痛苦压得翻不了身、喘不上气，痛苦过后要从内心反思，我们的预期是否合理。

苏联心理学家维果斯基在教学与发展关系上的"最近发展区理论"，也许能给一个指导。他认为，确实做不来的事情不要硬做，在现有水平的基础上，努力跳一跳摘到的才是心中最甜的"桃子"。

主动降低期望值并不是自矮身段、自毁前程，而是采取不同的战术，立好小目标继续前进。我们不必在乎别人的眼神，也不能随波沉浮，应该像《从头再来》歌曲中唱的那样："看成败人生豪迈，只不过是从头再来……"

三、断然清空行囊，轻装上阵

忧虑和失败之事经常发生，我们时常会感叹"那事儿当初如何就好了""我悔不该这样做"，恨不得把所有的"罪"装进自己心里。有时候，尽管做的是正确的事，也会遇到无法承受的挫折和阴差阳错的结果。

当然，谁都明白覆水难收的道理，过去已成历史，后悔改变不了事实，但真正自发走出心理困境仍然很难。经常的痛苦烦恼可能会带来心病，甚至由此引发身体器质性病变，给人生带来不幸。从这个连锁反应上来看，毫无疑问，感性的烦恼如果排解不掉会加重心理负担。

在经典的"禅定对话"中，老和尚背着女孩渡过危险的河流就放下了女孩，可小和尚走十里路依然在脑子里没放下女孩。已经发生的事无法挽回，但它还霸占着我们的心灵空间，如果意识到自己犯了错误，努力不够，能力差距……那就"止息妄念、寂然安住"，卸下重重的行囊歇歇。

有时候，听听《男人哭吧不是罪》就是给心最好的抚慰。清空大脑，纵情有泪轻弹吧："男人哭吧哭吧不是罪，再强的人也有权利去疲惫……尝尝阔别已久眼泪的滋味，就算下雨也是一种美……"

人生没有完美，幸福没有满分，把挫折当成有益的教训，当成前进的动力，向前走，让脚步轻盈，烦恼仍然会有但成功和快乐一定更多。

四、善用自我解嘲，幽默开道

鲁迅笔下的阿Q"上无片瓦，下无寸土"，被统治阶级剥削得一干二净，任人欺负，饱尝辛酸。他没有任何办法改变这个现状，唯有靠自欺欺人、自傲自足的"精神胜利法"支撑着活下去，靠一句"你算个什么东西"捍卫着自己的尊严和快乐。

有些人你不想交往但总是躲不开；有些事发生在自己身上剪不断理还乱，别有一番滋味在心头，穷尽一切也无能为力，该怎么办呢？其实自嘲和幽默是宣泄积郁、淡化自责、平衡心态、制造快乐的良方。遇事不顺，甚至栽了跟头时，要学着去蛰伏，为再次爬起来积蓄力量。

自我调适中的"阿Q精神胜利法"并不是逃避现实、自欺欺人，不是麻木不仁、不思进取，更不是软弱无能、畏缩不前，而是在无能为力的困难面前，给自己建一个心理空间，找一个重新站起来的理由，辟一条别开生面的道路。

"我想要怒放的生命，就像飞翔在辽阔天空，就像穿行在无边的旷野，拥有挣脱一切的力量……"

即使什么都没有了，我还有"怒放的生命"。生活本就已经压力巨大了，与其消沉下去，不如寻求升华。唯有抱着乐观的心态，烦恼才会"随风而去"，精神才会焕然一新。

在面对挫折的精神升华上，无产阶级的精神领袖马克思给我们留下了富贵的"遗产"：一种美好的心情，比十副良药更能解除生理上的疲惫和痛楚。

不必悔恨过往，没有经历磕磕绊绊、风风雨雨，你无法成为如今皮糙肉厚、坚强果敢的自己。

当有一天，泰山崩于前而面不改色，可以脱口而出"这都不是事儿"时，你已经充分相信自己、欣赏自己了，可以任由你劈波斩浪了！

（李平　顾嘉鑫）

07
走出投射现象的怪圈

投射现象是指以己度人，认为自己具有的某种特性，他人也一定会有，把自己的感情、意志、特性投射到外部世界的人、事、物上，并强加于人的一种心理现象，即"我见青山多妩媚，料青山见我应如是"。

一、投射现象是一种认知失真的倾向

投射现象会使我们在认知自我、认知他人、认知世界的过程中产生认知失真的倾向。我们会倾向于按照自己理解的样子来认知他人和世界，即"你怎么样，你眼中的别人就怎么样，你眼中的世界就怎么样"。一个心地善良的人会认为别人也很善良，不会有人恶意伤害自己，即使自己被伤害了，也倾向于认为对方是无意的；而一个精于算计的人会认为别人也精于算计，即使别人对他的好是无所求的，也无法改变他对别人的防范。通常这种投射现象，当事人是不自知的。就像从自己这里发出一道光，照在别人身上，自己看到别人亮了，还以为是别人在发光，但实际上光是从自己这里照出去的，却不自知……

二、投射现象是一种自我防御机制

如果我们把自己的一些积极的、正性的特性投射在一些和我们相似的人身上，我们会倾向于认为"物以类聚，人以群分"。当社会对他们进行积极的、正性评价时，我们会有强烈的代入感，认为自己也是被肯定、被称赞的，这会增加我们的自我价值肯定。比如，某人乐观、开朗、友善，当他看到乐观、开朗、友善的人受到周围的人喜欢时，就会倾向于认为，如果换作自己，也会受到这样的礼遇，从而增加对自己的认可，获得自我价值的保护。

如果我们把自己的一些消极的、负性的特性投射到与我们相似的人身上，在对方被负性评价的时候，我们会倾向于支持这种负性评价，以此来消减自己内心的焦虑。比如，我们担心别人认为自己是个斤斤计较的人，于是当看到别人斤斤计较时，我们就会对他的斤斤计较表现得异常愤怒，甚至加入指责者的行列当中，从而消减自己内心的不安感，实现对自我价值的保护。通常这一切的发生，当事人往往是意识不到的。

三、子非鱼，安知鱼之乐

在生活中，我们有时候能从这种推己及人的投射现象中获益。比如我们不爱独处、喜欢与人为伴，也认为别人都不爱独处、喜欢与人为伴，正好我们又遇到了这样的人，于是一拍即合，互相抱团取暖，乐在其中。这并不是因为我们认知准确，而只是因为双方很相似。这会强化我们这种不自知的投射心理，认为自己这样推己及人是正确的认知方式，今后会更坚定地运用这种方式去认知自己、认知他人、认知世界。即使我们恰巧遇到的是一个与我们截然不同、享受孤独的人，他辜负了我们对他的期待，我们也会倾向于解释，他只是用享受孤独来隐藏他渴望陪伴的那一面，而拒绝承认这种推己及人认知的错误性。

　　在现实生活中，我们没有经历过别人的经历，没有体会过别人的体会，很难真正地深入了解别人。简单地推己及人，推测他人的想法、感受和行为，是不准确的。只有避免投射现象，勇敢地走出自己的内在世界，走进别人，走进客观世界，才能看到最真实的自己、最真实的他人、最真实的世界。

（杨洁 牛萌萌）

08
接纳生活中的不如意

古语云："人生不如意事十之八九"，可当福无双至、祸不单行的时候，我们甚至会觉得人生不如意事"十之有十"。如果遭遇挫折，比如工作不顺、婚姻不幸、考试失利等，我们该怎么处理呢？有的人直面一切，克服困难走出逆境；有的人重新规划，迂回前行另开新境；有的人放弃初衷，逆来顺受一蹶不振；有的人则扭曲偏激，自暴自弃走向极端。采取哪种态度对待挫折，人生的结局是迥然不同的。

同样的挫折，发生在不同的人身上，会出现不同的结局。经历大大小小的挫折，究竟会使人蜕变还是退步，完全取决于对待挫折的态度。没有谁的一生是一帆风顺的，人生在世，必有沉浮起落。该怎样对待挫折，并更坚强地在逆境中搏击风浪，最好的办法就是接纳。

试想一下，视你为知己的公司老板，因一件看似不大的事对你进行了严厉的批评，你好几天捧着谦卑的心在上下班的电梯里偶遇老板，想解释清楚、诚恳道歉，可老板对你视而不见。曾经在微信里谈天说地，突然间发信息没了回音，一种被辞退的危机感占满了大脑空间。忐忑的心扰乱了生活的节奏，甚至在接下来的工作中出

我心飞翔
◆◆◆ WO XIN FEI XIANG

现了更多的失误，六神无主乱了分寸。

一段煎熬彻底融化了自我优越感。在老板重新搭理你之前，你心里千回百转地上演了魔幻主义的"电影"，这些"电影"甚至使你食不知味、夜不能寐。直到有一天，老板告诉你，"没有人能随随便便成功，通过处理工作上发生的小问题就能看出你经不起风雨的稚嫩，有意地疏远就是历练你的抗挫能力，树立你正视问题和正确解决问题的自信心。从你的眼神里我看出了你将要被辞退的惶恐，培养一个人不容易，我怎么会在一件小事上轻易毁掉一位有潜力的年轻人呢？"老板的话让你如释重负。现在你再去回想那些浪费在焦虑中的猜测、想象、设计的时间，你会不会觉得自己真浅薄，经不起任何风吹雨打？

其实左右你情绪的，不是老板不理会你的态度，而是你对老板态度的揣测，这是你自己的内心投射出来的结果。如果换一种对待方式，既然已经做了错事，就坦然面对、知错就改，即使老板要辞退你了，也要勇敢接纳。世间之事，大智若愚、大巧若拙，单纯是最原始的本真。把头抬起来，把心放下去，在单纯中，丰盈自我的人生，不把心思花在胡乱猜测别人的心思上，以坦荡之心对人对事，这样与人相处岂不是要简单得多？其实，一个人之所以积极向上、享受快乐，正是因为懂得向前看，善于将不如意的事抛在身后，清空自己的负性能量，以轻装拥抱未来的希望之光。

人们常说，努力总有回报，可有些回报会姗姗来迟。公司选拔销售经理，论人品、能力、资历，你是佼佼者，以为这次晋升非你莫属，可结果却以你落选画上句号。行百里者跌倒在九十里的路上更让人气急败坏。面对这样的结局，你会不会跑去领导办公室大吵大闹，或者在别人那里大骂竞争对手不择手段，然后长时间走不出低迷情绪？其实这种态度不是正确的处理方式，正确的处理方式是接纳。为什么要接纳这种不公平的选拔？为什么要允许这种毫无合理性可言的事情存在？当一连串的问号拉不直时，坏情绪可能瞬间迸发，甚至做出不可思议的事情。选什么人的问题是艺术，蕴含大学问，不能只站在自己的角度一厢情愿地认为你契合所期望的岗位，不站在大局考虑，不进行换位思考，不深入自我反思，永远看不到自己的不足。

金无足赤，人无完人。公司领导层在考虑人选时，可能反复酝酿你，认为在销售领域你是可用人选但不是最佳人选，因为你在与人沟通方面多了一份木讷，少了一份灵活，这样的性格气质不利于聚焦客户关注，也不容易点燃市场活力。在激烈竞争的当下，因个人固有的性格而"慢半拍"，意味着不可避免地快速失去市场，这非个人对错而是检验决策对错。这就是你想知道为什么没有选拔上的真相。也许一个人可以做到虚怀若谷，但是事事总觉得在吃亏，渐渐地就会心理不平衡，于是就计较得失，再也不肯"忍气吞声"地吃亏了，凡事一定要分辨个明明白白。结果，朋友之间、同事之间、领导与部属之间是非不断、相互猜忌，导致想得到的未必能得到，不想得到的可能不期而遇。

不悲过去，非贪未来；富足当下，由此安详。回过头想一想，曾经那些以为过不去的坎，最终都会在时间的流逝中过去，处理得好就是一笔财富，处理不当，留在你心里的，会是遗失的"地雷"。你的不甘，你的不舍，你的难过，种种情绪会埋在时间的废墟里。如果哪天有一个契机触发了它们，这些未被妥善处理的情绪会突然喷涌出来，狠狠地灼伤你自己。发生在当下的事情，要接纳，不要抗拒。感觉压抑时，换个环境呼吸是一种接纳；困惑时，换个角度思考也是一种接纳；走不通的时候，路旁边还有路，无须解释时，沉默永远是金，这"条条路""永恒金"更是接纳。

不要一朝买醉试图逃避，酒醒之后情绪还在那里，借酒浇愁愁更愁；也不要振臂一呼老子不怕所有的艰难困苦，这样会把自己逼到绝境，失去回头的空间，不是人人都有绝处逢生的能力和水平。最有效的办法就是接受已经发生的不如意，真切感受由此衍生出来的情绪，允许自己难过、哭泣、崩溃，安放自己的坏情绪。你会发现，接受事实和接纳因此衍生的情绪反而会让你从一件坏事中更快地走出来。一时的得失不能否定人生的全部，祸兮福所倚。坏的情绪只是个过客，会来就会走，绝不会永远主导你的生活，正所谓"沉舟侧畔千帆过，病树前头万木春"。

静下心来想想，总会有不受我们控制、不被我们希望的不好的事情发生，这些事情总能导致我们的负性情绪产生。我们要做的，就是认清导致负性情绪产生的事实，它既已发生不能改变，我们就要以大胸怀接纳，心大了，大事就化小了；心若小了，小事就会变大。心大心宽，临危的办法多了，脚下的道路也就宽了，我们就会控制情绪而不被情绪控制，就能解决问题而不被问题困扰。久而久之，经历了诸多不如意的心就会安然，能够接纳许多自己不能改变的事物，摒弃一切阻碍自己的怨声载道。内心一旦平静就会更好地控制自己的心绪和理智，这就是接纳的意义。

（李平 王婧一）

09
打破拖延的魔咒

你是否经常处于这样一种状态：手里有一堆活，但就是什么都不愿意干；要温习的功课、要看的资料、要处理的工作一拖再拖，直到"拖无可拖"；本可以从容完成的工作，却拖到最后仓促和粗糙地勉强完成。这就是拖延症的魔咒。

所谓拖延症，是指在明知有害后果的前提下，仍然将原有计划向后推迟的一种心理现象。其实，拖延现象人皆有之，没必要过于惊慌。但是，如果我们反复体验拖延，并且因为拖延而感到痛苦，而且没办法自己控制，这就需要我们引起足够的重视。

克服拖延症，可以从以下几个方面入手。

一、强迫自己 15 分钟

万事开头难，一直不开头，一直难！其实，从我们按下"暂停键"开始拖延，一直到开始行动这期间，那个未了的"心事"会时不时出来骚扰你的心绪。轻松愉悦的表象背后，是暗潮涌动的焦虑和不安。

与其温水煮青蛙，一步步将自己逼入"绝境"，还不如早点开始，及时完成。因此，当我们非常不愿意开始一项任务时，不妨试一试强迫自己坚持 15 分钟。很多时候，只要有了开始的 15 分钟，你就会不自觉地进行下去，并会发现，现实其实并没有想象中那么难。

二、做好自我动员

当一个团队开展一项重要活动时，往往要进行一场"战前动员"。动员的过程就是一个统一思想、凝聚力量的过程。同样，个体在行动前，也需要找到一个立即行动的动力源。

思想是行为的先导，要想行为上有所改变，首先思想要过关。当面对一项学习或者工作任务时，如果单纯地认为这是一项不得不完成的硬性任务，自然没有动力可言，能拖就拖。但是，换个角度思考，如果我们及时高效完成的话，领导会不会对我很满意？是否对涨工资、休假、升职都有一定的帮助？就算任务确实很"没用"，只要我们提前干完，是不是可以早一点休息？或者是不是可以在完成的过程中磨炼我们的耐性，增加自身逆境中对生活热爱的能力？

有了动力源，付诸行动才会变得顺其自然。

三、发挥群体效应

心理学上有一种社会助长效应，是指个人对别人的意识，包括别人在场或与别人一起活动带来的行为效率的提高。积极的群体氛围可以为成员提供一种特殊的情境，充满理解、关爱、鼓励。这种环境的变化必将引起个体行为的积极改变。

古语讲，君子慎独。在独处的时候，我们经常难以严格要求自己，而在有人观察的情况下，个体往往会表现出更强的自我约束力。因此，一个群体共同克服拖延症，会比一个人单打独斗容易得多。在完成一项任务时，可以寻求一些志同道合的人，为了同一个目标，彼此之间相互监督，相互约束，有助于改变拖延问题。

四、给自己加个"鸡腿"

心理学家曾做过这样一个实验：将白鼠放在箱子里，让它能随意走动。箱子上放了一个触发按钮，白鼠只要触碰到按钮，就会落下食物。过了一段时间后会发现，白鼠明显增加了触发按钮的次数。

当我们面对一项有挑战的任务时，一旦遇到困难，很容易打退堂鼓。这时，我们需要及时给自己鼓励，以增加对自我行为的肯定，从而增加自己克服拖延的信心。比如：给自己加餐、适当增加游戏时间、安排一次旅行等。同时，当我们在克服拖延变得自律的过程中，偶尔没有完成自己的计划时，也要接纳自己的不完美，及时调整心态，避免破罐子破摔。

最后要提醒的是，克服拖延症不是一步到位的，需要一步步改善，想要很快就成功是不可能的，重要的是长期坚持，从小事做起，从现在做起。比如，现在放下你的手机，去干应该干的事情吧。

（马永强 赵亚飞）

10
告别失眠的小招法

有多少个夜晚,你带着工作的压力,数着羊迎接清晨的第一缕阳光;有多少个夜晚,你背着生活的困苦,睁眼看着天花板,默默等着天亮;有多少个夜晚,你拖着疲惫的身体,但大脑兴奋,怎么也睡不着;又有多少个夜晚,好不容易睡着却突然惊醒,再次入睡却很困难,或者一整夜的梦让自己疲惫不堪……

如果你存在上述这些情况,就说明你已经出现了失眠症状。

什么是失眠?

失眠是在合适的睡眠时间,适宜的睡眠环境中,睡眠的时间很短、质量不好的一种主观感受,同时伴有日间活动疲倦,易怒易躁,工作、学习、社交能力下降等社会功能损伤。在很多人的认知中,失眠和睡不着是一样的,但实际上失眠不仅仅是睡不着,它也表现为睡不好,如入睡困难、睡眠维持困难、早醒等情况。如果这些状况出现次数多于每周三次,并且持续时间大于 3 个月,就可以认为是慢性失眠症。

一、为什么会失眠?

每个人都会有偶尔睡不好觉的时候,但对于失眠者来说,这背后的原因是多种多样的。

(1)饮食不规律。很多人在连续加班时,夜宵必不可少。长期饮食不规律,在饮食上不加节制,晚上吃的太晚、太多、太油腻,会导致食物积滞,造成脾胃受损而引起失眠。

(2)压力、情绪影响。人在情绪波动较大的时候,常常会寝食难安,这是因为心理挂念和焦虑的事情太多。睡觉的时候想着今天发生的事,想着明天要面临的工作,等等,想得越多就越焦虑,不是不想睡,而是有太多的放不下。

(3)劳逸失调。长期超负荷工作会导致过于疲倦而睡不着,同时妨碍大脑正常休息;而过于安逸,缺乏运动的生活也会影响睡眠。

(4)睡前的坏习惯。如果我们破坏睡眠准备阶段,比如在睡前刷视频、看剧、看小说、玩游戏,这些行为容易使我们的神经再次兴奋起来,导致失眠。

二、你真的知道失眠的危害吗?

无论哪种原因,长时间的失眠都会对我们的身体造成一定伤害。在睡眠的相关研究中发现,失眠会造成人体新陈代谢紊乱,使人体自身免疫力下降,增加心脏病、心脑血管疾病的发病率。缺乏睡眠也会加速皮肤和器官的衰老,引发肥胖、血糖调节异常等一系列代谢问题的发生。

长期失眠的人大脑活跃度降低，反应迟钝，注意力不集中，记忆力变差，容易健忘；同时会精神萎靡，引发情绪上的障碍，出现易怒、情感脆弱、多愁善感、人际关系紧张等现象，严重的还会引发焦虑、抑郁等症状。

三、睡不着该怎么办？

（1）调整睡眠习惯。睡眠对人体健康至关重要，养成良好的睡眠习惯可以使大脑得到充分的休息。尽量在晚上11点前入睡、午睡的时间不要太长、注意用脑卫生、不要加班太晚，这些都是良好的睡眠习惯。床是用来睡觉的，不是看书、刷剧、看小说、玩游戏的场所，不睡觉的时候不要躺在床上。习惯养成后，身体就会把床与睡眠联系在一起，见到床自然就会有睡意。

（2）养成健康的饮食习惯。早起吃早餐，按时午餐，晚餐后过几个小时再睡觉；晚餐要清淡，少喝茶、咖啡和可乐，也不要喝酒助眠。喝酒后虽然入睡快，但是睡不踏实，容易早醒。

（3）营造良好的睡眠习惯。使用舒适的寝具，安装遮光窗帘。在黑暗的环境中人体分泌的褪黑素会增多，因此睡眠环境的光线越暗越有助于睡眠。

（4）适量运动。每天保持运动习惯，晚饭后出去散散步，睡前做一些舒缓拉伸、减压瑜伽或者冥想放松，保持睡前心境安宁，能有效改善失眠状况。

（5）通过音乐助眠。睡不着，就别逼自己睡，听听音乐也是一种休息。睡前听会儿轻柔的音乐，让大脑中不断跳动的思想安静下来。入睡前，不要想太多，多做自我暗示，放空自己。

（王艳晖 王毓成）

11
心强助力体健，在伤痛中自我成长

人在学习、工作、生活中，难免遇见伤病，即使是专业的运动员也难免在自己擅长的领域受伤。伤病往往会带给人各种各样的困扰，并影响我们正常的学习、工作与生活。回顾自己受伤养病的经历，大家最为印象深刻的是什么呢？在这里与大家分享一下关于受伤养病期间的心态，以及如何用心强助力体健，并在抗击伤病的过程中实现自我成长。

一、心理抗拒期

试想一下，当年抽射、扣篮、百米冲刺、长途奔袭，好不痛快，多么豪迈……而如今这一瘸一拐，下个床都费劲的家伙真的是我吗？不，这不是我，我不相信。在受伤之初，除了伤病之痛带来的压抑，人的身体机能与健康时相比产生的落差往往是刺激伤员心理的一个重要因素。人的心理对受伤的接受和适应是需要一个过渡期的，而在这期间，也是最容易造成重复受伤与治疗不及时、不到位的情况的。人在自尊心躁动的时候，往往会将重伤归轻，轻伤归无，认为自己很强，这些伤都是小问题，甚至不屑于去医院看病吃药，对朋友"还好吗"之类的问候也很敏感。这些心理和行为也许会安慰了面子，但却苦了身子。

这是人在面对变化时的心理抗拒期，最恰当的做法是保持谨慎和微紧张的心理状态，务必分清主次。作为革命本钱的身体才是最为重要的，面子不能当药吃，要敢于放低心态，如临大敌，切忌逞强。这时候不好好爱护自己的身体更待何时？在伤病初期做好保护和处理会为之后的康复打好基础。

二、心理接纳期

不得不说，当个病号，有时候也挺舒服的。此时伤员已经度过了心里别扭期，也适应了当病号的生活节奏，心理上对伤病这一变化逐渐接纳，进入了心理接纳期。亲朋好友关心照顾，自己也可以心安理得地卧床休息，好像一下进入了慢生活状态，虽然有点不好意思，但不得不说，久违的衣来伸手、饭来张口的日子真的有点小滋润。这样的养生节奏和心态在一定程度上是有助于减少身心负担、促进伤病康复的，但这也是滋生不同想法的土壤。

如果你比较敏感，在接受他人照顾时，难免会认为自己给他人添了麻烦，感激和愧疚会一并涌上心头。这样的心理会驱使你即使咬紧牙关也要靠自己去做一些所谓"力所能及"的事情，而这会让人的身心处于疲惫忧虑的状态，也会增大再受伤的风险，无形中延长了自己的康复时间。有这样想法的你也许可以尝试这样想：我应对自己的身体负责，积极配合他们将身体养好，至于这期间造成的麻烦，有很多方法来表达感谢，无论是与他们分享你的美食，或是在你擅长的领域帮助他们，都既可以表达你的感激，又可以增进彼此的感情，可以做到健康情谊双丰收。

如果伤员比较"混"，也许他就会潜移默化地变得"油滑"起来，凡事能躲就躲，甚至想方设法延长病假期限，成了所谓的"泡病号"人员。不可否认，惰性是人与生俱来的一种心理特质，但它并非无法克服。修养伤病的时间可以说是现今社会中的"桃花源"，可以用来思考、阅读，是难得的沉淀和提升自己的机会，完全可以借此机会给自己定制一些小目标以逐步实现。这既可以让修养的时间变得充实丰满，也会不断收获成就感，来抵消伤病带来的困扰。养伤的时候也许会耽误许多工作，也会错过一些机会，更需要你尽快痊愈，让一切回归正轨。

三、愈前躁动期

"我好像好了。""我好了吗？""我好了吧！"经过一系列艰苦奋斗，终于战胜了伤病，胜利就在眼前，而这时候困扰我们的主要就是不敢确定自己是真的好了，还是仍有隐患。都说行百里者半九十，这时候若是处理不当，也会产生一些令人头痛的结果。

痊愈的希望就在眼前，人们的心理一般会开始变得浮躁，进入愈前躁动期。在漫长养病期间沉寂下来的往日辉煌又开始重振雄风，准备奇迹再现，会忍不住去尝试以前能做到的事情，以此验证自己是否痊愈。激动的心，颤抖的手，可别让热血上了头。要真正做到痊愈，最后的闭环工作不可疏忽，莫让喜悦冲昏了头脑。也许我们可以试试对自己进行心理暗示："稳住，我能赢，这么久都熬过来了，不差这一会儿了。"遵照医生的建议进行一些科学的恢复性活动，初愈的身体状态肯定不如从前，但原先基础还在，只要控制好心头火热的躁动，耐住性子，生龙活虎的你就又回来啦！

四、痊愈平稳期

在平稳期，首先就是要尽快恢复正常的生活习惯和生物钟。在养病期间逐渐习惯甚至喜欢上的慢生活节奏要跟你说再见了。当你再次跨进工作、生活的洪流中，在认知上也许会与原来的同事、同伴有一定的脱节，偶尔也会犯些错误，而且朋友们对你痊愈的惊奇感叹也难免会让人腼腆一番。这些都是正常现象，我们也要理性看待。

其次是刚刚痊愈后身体机能的下滑多多少少会导致能力和成绩的下降，我们会觉得这是身体刚好的原因，也会忍不住对外说有可能是后遗症的影响，以此来解释自己的退步。这些当然是有影响的，不过我们不能对这种心理一味依赖，以至于习惯把伤病初愈当挡箭牌来使用。科学地进行自我安排，积极恢复自身能力，度过这段痊愈后的平稳期，你的工作生活都将步入正轨。

人在不断前行，伤病在所难免。在社会行走尤其要学会保护自己，爱护自己，学会及时调节心态，用心强助力体健。每次与伤病抗争的胜利，都会伴随着你意志品质的成长，每一个不曾打倒你的伤病都会让你更坚强地前进！

（张洪铭 刘子媛）

心理防"疫"篇

没有一个冬天不会过去，没有一个春天不会到来；心向阳光，眼向远方。

01
心有阳光，"疫"无所惧

新冠肺炎疫情反复至今，不仅给人们的生活带来极大不便，也让人们容易在心理上出现烦躁、焦虑等情绪反应。虽然负面情绪不可避免，但换个角度来看，"那些没有将我们击垮的，终将使我们更强大"。新冠肺炎疫情是全世界面临的一次考验，如何在这次考验中稳住心态，保持心理健康"绿码"？一起来看看有哪些"心"攻略吧！

一、迎接挑战，把握主动

疫情下，人们悬而未决又隐约带着害怕的情绪会带来不适感。很多人的第一反应是消除这种负面情绪和不美好的体验。

其实，对很多人来说，消除负面情绪是一项很难完成的任务。既然我们难以彻底消除负面情绪，不如换个角度看它，思考一下怎么将疫情之下的生活变得更有意义。

如果我们把疫情下的困境当成一种挑战，将可能出现的最坏结果都充分预想到，将所有细节都考虑清楚，有的放矢地去行动，我们对生活的控制感就会增加，不安全感就会相应减少；同时，降低对各种帮助、支持的内心期待值，不把"已有支持"当应该之举，不把"未予之助"当失当亏欠，任何帮助与支持都会成为生活中的确幸惊喜，对生活的感恩之心也会随之增加，正性情绪就会占据主流。疫情就像我们扬帆人生中经历的风浪，抱怨风浪大，期待风浪停，都无助于事，唯有把主动权掌握在自己手上，适时调整心之"风帆"，才能安然渡过。

二、吾心安时即幸福

　　幸福快乐主要不是来自外部，而是来自人的内心。"享受不是从市场买来的，而是从自己的心灵中获得的。"这句话放在疫情下的今天，依然发人深思。平日里紧张忙碌的工作、挑灯夜读的学习，因为疫情的突然来袭瞬间停摆，我们要直面的不仅是疫情下生活的柴米油盐，更要直面一个无处安放的孤独灵魂。趁着这段难得的闲暇，如果我们能静下来和自己的内心和谐相处，用感恩的心去面对过去，用宽容的心去面对现在，用快乐的心去面对未来，我们就能在自己身上找到快乐的源泉。我们的内心充盈了，即使身处最单调的环境，最简易的条件，仍能自得其乐。这种幸福快乐是任何一种外力都无法给予或剥夺的，是我们的心之所安，身体的健康和灵魂的平静是幸福的极致。

三、我的生活我做主

积极地自我调适有利于恢复心理和谐。

第一，接纳觉知自我。疫情蔓延下产生一些消极情绪十分正常，不必有过多的心理负担。我们可以关注自己是否沉浸于某种消极情绪中难以自拔？自己对于疫情的看法、信念是否有不合理之处？

第二，理性对待涉疫信息。对疫情做到"心中有数"，不轻信传言，对防疫工作保持足够的信心，化恐慌为认真、科学、适度的个人防护。

第三，积极寻求人际支持。我们可以通过亲朋好友之间的有效沟通获取心理支持；可以和有相似处境的人互相倾诉，构建心理抗疫同盟；也可以寻求心理人士的专业帮助，顺利渡过心理危机。

第四，保持节律的生活方式。虽然活动范围受到限制，居家学习、办公仍要尽可能维持原有的规律作息，按时起床，按时吃饭，按时休息，让自己回到正常的生活轨迹。规律、掌控感是应对焦虑恐慌的良药。

第五，做有意义的事情。如果条件允许，可以当志愿者服务众人；如果条件不允许则独善其身，读一本好书、写一篇好文、画一幅好画、听一首好歌、做一顿好饭、沏一壶好茶等。当我们去做自己认为有意义的事情时，自我认同、自我接纳会提高，对自我、对生活的控制感也会增加，有利于实现心理成长。

我心飞翔
◆◆◆ WO XIN FEI XIANG

疫情之下,很多事不是我们凭一己之力能改变的。当现实无法改变时,我们唯一能改变的是自己看事物的角度和看事物时的心情。我们应当共克时艰,珍惜这段与自己心灵独处的时光,去发现、去成长、去完善自己。

(惠淑英 王毓成)

02
防"疫"也要防"抑"

因为疫情，身边不少同事也接到了延迟返岗的通知，有的甚至需要居家隔离观察。面对疫情的冲击，我们难免会有一些心理压力或焦虑情绪。有数据表明，新冠肺炎疫情开始后，大约有 10% 的人出现了不同程度的抑郁。因此，疫情当前，不仅需要身体的免疫，更要做到"心理免疫"，这就需要我们及时调整不良心理，合理安排好自己的学习与生活，防止抑郁找上门来。

一、矛盾心理

问题表现：因为疫情，工作、学习都延迟了，一方面，感到很开心，希望疫情晚点结束，这样就可以在家多玩几天；另一方面，又为自己的这种想法感到羞愧和内疚，感觉这是在挥霍青春，心里很矛盾。

心理导航：其实，从心理学角度讲，我们每个人心中都有两个"小人"，一个崇尚自由，爱玩、调皮、喜欢偷懒；另一个却有着强烈的责任心、正义感。此时你的内心，这两个"小人"正在激烈地吵架呢！其实，无论哪个"小人"，它们的诉求都是有意义的。人人都向往轻松的生活，但是道德感也不可缺少，它是推动人类社会进步的动力。所以，不要因为在家休息就感到空虚失落，甚至自责内疚，允许自己好好享受在家休息的时光，同时也要做好"假期有限"的准备。你可以列一张时间计划表，把你想做的事情合理安排并一一实践，那么当假期结束时，你一定会品尝到充实满足的好滋味！

二、倒霉心理

问题表现：我们经常会有一种感觉，排队总是在最慢的一队，开车总在最堵的路上；看个奥运会，我看谁谁就输，不看哪场比赛，比赛准赢；不放假没啥事，一放暑假就赶上疫情不让出门。为什么"倒霉"的总是我？

心理导航：心理学上，有一种心理合理化现象：当两个不相关的事情同时发生时，我们往往会倾向于将它们关联起来，并认为其一为因，其一为果。一些心理学家认为，人类在面对一些"无法掌控"的场景或恐惧时，会自然而然地寻求安全感，一些人就会需要一些额外的"因果关系"，来给自己安全感。这是一种常见而自然的人类心理现象，既不是什么心理问题，更不是什么倒霉的坏运气。因此，我们要站在客观的角度去思考和理解问题，认清事情的本质，始终保持一颗平常心。

三、消极心理

问题表现：工作中，本来有一次难得的学习实践机会，因为疫情取消；刚中签的马拉松赛事，因疫情取消；准备了半年的学术年会，因疫情取消；甚至准备办的婚礼，请柬都发出去了，也因疫情取消了……遭遇接二连三的打击，有些人的消极情绪就会涌上心头，表现为对生活失去兴趣，什么都不想做，失眠、食欲衰退、心情低落。

心理导航：面对突如其来的挫折，一时沮丧是正常的，重要的是及时从消极中走出来。首先，自身要进行积极的心理暗示。把因疫情居家的时间，当作一种积极性补偿，可以运用不出门的时间锻炼身体，补充营养，从而提高自己的免疫力和身体素质；干一些平时没有时间干的事情，比如多陪伴父母和孩子。其次，静心思考。减少对手机等电子产品的依赖，多读书思考，静能生慧，行知合一。可以利用居家时间，对以往的工作、生活进行反思，也可以发展一种有意义的爱好，并付诸实施。最后，认同和升华。认同目前科学防控的措施，把自己的情绪升华到做一些社会可接受的行为，比如把对于失去机会的沮丧升华到利他的行为中，参与防控的志愿工作等。

四、焦虑心理

问题表现：面对疫情，有些人变得心神不宁，失控感导致敏感、多疑，造就了一颗无处安放的"玻璃心"。在压力下，整个人变得愤怒暴躁，因一点小事就急躁、发脾气，甚至出现冲动行为等。

心理导航：在面对突然的或长期持续的巨大压力时，人们会进入一种"应激"的状态。在这种状态中，人们较往常会在情绪、生理、思维和行为上发生许多改变。要及时了解、调整自身情绪，使其随时保持在可控范围之内，这样才能帮助我们在疫情期间更好地宣泄负面情绪，保持身心健康。如果你正处于这种状态，建议你：

（1）规律作息，保证睡眠，保持一个较好的精神状态。

（2）适当运动，增加身体活力，提高抵抗力，排解抑郁情绪。

（3）尝试正念冥想或者"蝴蝶拥抱"，进行自然而缓慢的腹式呼吸，疏解压力，改善情绪。

（4）寻求社会支持，多和好朋友们电话聊天，或多与家人互动，分享一些有趣的笑话或经历。

（5）如果以上方法都不能帮你改善心情，记得拨打心理咨询热线，向专业的心理咨询师寻求帮助和干预。

（马永强 吴莉雯）

03
守好心灵蓝天,织就心理防"疫"网

疫情来袭,各类消息铺天盖地,一轮又一轮的核酸检测给大家带来了一定程度的心理失衡和情绪困扰。此时此刻,我们该如何调整好自己的心态呢?

(1)正确看待疫情信息,避免陷入负面信息流,始终把握心理主动。如今疫情防控形势仍然严峻复杂,网络上出现了各式各样的信息,如果不注意甄别,就容易被误导,要么陷入悲观境地,觉得疫情如洪水猛兽;要么导致盲目乐观,认为疫情无须畏惧。

因此,在及时关注疫情进展的同时要注意从正反两面去辨析信息的真伪,建立多元化视角,筛选出客观真实的信息,建立个人心理层面的掌控感,始终"Hold住"自己的心理状态,不轻易被信息洪流冲击。

(2)觉察自身心理状态,学习调节不良情绪,避免长时间持续低落。我们要知道,在疫情之下,出现心理的不适、情绪的波动,例如恐慌、失望、恐惧、易怒、不敢出门、盲目消费、有攻击行为等,这些反应都是正常的。

我心飞翔
◆◆◆ WO XIN FEI XIANG

这是我们面临不确定、面临危险时做出的应激反应，这些情绪有利于在心理层面对疫情提升警惕，从而保护自己避免感染。同时这些情绪往往是暂时的，不会一直持续下去，随着时间的推移及对疫情和防护措施更加充分的理解，就会慢慢消减。但是，如果觉察到自己出现持续性紧张、焦虑、抑郁或恐慌等低落情绪，或者有更严重趋势时，就要引起足够重视，及时进行心理调节。

（3）采取积极心理防御，掌握疏导放松方法，经常注入阳光正能量。个人心理健康需要经常维护，而维护最好的方法就是定期做心理疏导和放松。下面我们就一起来学习调节方法：

① 面对压力本身不要有太多的焦虑。

② 限制自己接触相关信息，尤其是负面信息。

③ 坚定必胜的信念，做积极的自我暗示。

④ 保持理性的认识，不受大众传媒的干扰。

⑤ 尝试把注意力集中在关注的东西上15分钟。

⑥ 做不动脑子只动手的事情，尤其是一些让人成就感爆棚的事情。

⑦ 运动，做手工，让身心的力量得到释放。

如果在某个阶段心情特别焦虑烦躁，可以尝试快速放松的方法：

找一个安静舒适的地方轻轻坐下，保证不会被打扰。闭上眼，把注意力集中在自己的呼吸上，开始胸腔呼吸练习，在一呼一吸之间，心里默念，"吸气—呼气"，集中精神体会鼻子的感觉，胸腔的感觉，以及空气从鼻腔、气管、胸腔流过的感觉；尔后，进行腹式呼吸练习，将双手重叠轻贴小腹，吸气的时候随着气流进入，鼓起肚子，感受新鲜空气从鼻子经气管进入腹部充盈整个身体，呼气的时候，浊气从腹部慢慢被挤压到肺部再经气管从口腔排出。注意力始终在呼与吸及气流流动上，经过几个回合的呼吸，让心情慢慢平静放松下来。

面对疫情，积极乐观、健康向上的心态是一种强大的免疫力，也具有强大的治愈力。春光正在绽放，抗疫胜利可期，做好心灵防护，织就心理防"疫"网，守护好我们的心灵蓝天。

（宋美娟　安莲）

04
放松之道，一张一弛

疫情当前，绝大多数人都是身体不动"宅宅宅"，双手捧机"刷刷刷"，难免心情焦躁，肌肉僵硬。宅男宅女们怎样才能放松身心呢？放松之道，一张一弛，随着放松四部曲，一起试试吧。

一、马车夫式坐起来

空调房，花睡衣，你是不是正在"葛优瘫"？不行不行，小心毁脊伤腰椎突出，咱还是马车夫式坐起来吧。

放松，舒适地坐在椅子上，上身不靠椅背，双目微合，想象自己戴上了一副放松面罩，这副神奇的面罩把紧锁的双眉和紧张的皱纹舒展开来，放松了脸上的全部肌肉。下巴放松，嘴略微张开，舌尖贴在上龈，慢慢地、柔和地、放松地做深呼吸。用鼻子慢慢地吸气，让腹部鼓起，双肺扩张；深吸气后屏息一会儿，再放慢速度用嘴呼气。吸—停—呼，慢些，再慢些……当吸气的时候，把你身上的疲劳、紧张以及头脑中一切不愉快的念头聚集起来；当呼气的时候，把这些疲劳、紧张和不愉快的念头统统呼出去，体会精神和身体松弛舒适的感觉。

二、攥紧拳头勾起脚

久坐不动，四肢麻木，身沉心重。试试攥紧拳头勾起脚，小微运动来解压。

第一式：掌握乾坤。两手握紧，把拳心放在肩膀上，让两手、小臂和上臂的肌肉都尽可能地绷紧。用心体验不同部位的感觉，手掌有触觉和压觉，小臂和上臂是肌肉紧张的感觉，请特别注意这种肌肉紧张的感觉。坚持住，适当增加力量，大约坚持10秒。好，请放松，放松双手，你可能感到沉重、轻松、温暖，这些都是放松的感觉，请你体验这种感觉。

第二式：脚踏实地。脚趾向脚心方向弯曲，肌肉适当绷紧，脚掌用力蹬地，坚持住，适当增加力量，大约坚持10秒。放松，做深呼吸，气流从鼻腔缓缓进入，再缓缓地呼出去。现在你的心情开始安静下来了。

第三式：弓弦勾脚。把脚趾向脚背方向弯曲，脚尖向膝盖方向用力做勾脚动作。你的小腿像弓弦一样绷得很直，肌肉很紧，只要不抽筋，你就再坚持一会儿。好，10秒到了，放松，深呼吸。

现在，你可以体会下，四肢都放松了，心情也轻松了。你可以想象，在你的大脑后部有一个小水珠从头顶一点点的向下流淌，慢慢地流下颈部。你看不见它，但你能感受到它在后面慢慢地向下流，一点一点地向下流。

三、紧臀弓背收腰腹

宅久见，赘肉生，松垮垮，意迟迟。不如练练紧臀弓背收腰腹，玲珑曲线神气爽。

把膝盖用力并拢向上抬，弯曲你的腰，紧缩臀部，收紧双肩，尽可能使双肩接近你的耳垂，绷紧腹部肌肉，就好像有人向你的肚子击来一拳，你使劲地缩成一团。适当增加力量，保持一会儿，再保持一会儿。好，放松，你的双臂自然垂下来了，好像内脏也在下坠，沉重、轻松而温暖。再做次深呼吸，体会气流缓缓地进入腹部，再缓缓地呼出去。

你的心情渐渐松弛下来了，感到轻松、宁静，没有任何压力。你大脑后部那个看不见的水珠，还在从头顶一点一点地流向颈部，它流得很慢，很慢。

四、眉飞色舞肩颈活

学做夸张的表情包：摇头晃脑、咬牙切齿、愁眉苦脸、喜笑颜开都可以，若眉会飞色能舞，也能包缓百忧。

请你绷紧面部肌肉，尽力皱眉，紧闭双唇，使劲咬住上下颚，抬高下巴，拉紧颈部肌肉，在不睁开眼睛的情况下，看向自己的额头，使眼部肌肉绷紧。坚持住，再坚持一会儿，好，放松。眉头展开，双唇微张，头部随着重量下垂，好像把沉重的包袱放下来了一样。再深深地、长长地做一次深呼吸，头部放松了，心情也放松了。

你刚才做得很好，做完后我们再来个一体成型浓缩版。现在紧握双拳，紧皱眉头，咬牙，抵舌，耸肩，挺胸，昂头，直背，收腹，双腿下压，脚趾上翘。坚持住，这就是紧张，全身紧张。好，现在逐步放松。松拳，展眉，开牙关、松舌头、双肩下垂，靠背，垂首，松腹，再放松双腿。很好，深深吸一口气，慢慢呼出。随着空气的呼出，彻底放松了。活动下双手和双脚，慢慢睁开双眼，一个平静安详、舒适愉快的世界展示在你的眼前。

朋友，在这苍寒岁月，若君心神荡漾、烦忧多思，不如习此四步操练，可得张弛有度，浮沉于心，自在从容。

（杨萍 张超群）

05
以冥想放松提升战"疫"心理弹性

冥想放松是一种有效的心理调适方法，可以使意识停止一切对外活动，将人从对外部事物的关注转向对内心世界的关注，能让我们从复杂的负性情绪当中迅速地沉静下来，也可以使全身肌肉得到放松，进而达到放松身心、减轻压力、舒缓情绪、改善睡眠的效果，从而实现提升心理弹性，强心安心的目的。

下面请随着我的引导语一起做冥想放松吧。

亲爱的朋友们，你们好！很高兴你能打开这段音频，让我们有一次心灵的对话。当前新冠肺炎疫情还在蔓延，你是否有一些紧张、焦虑、不安，甚至是恐慌和愤怒的情绪呢？如果有，如果你愿意，你可以抽出一点时间，为自己的心灵做个放松，释放所有的压力和负性情绪，恢复心灵的和谐。

请你找到一个你认为舒适、安全的地方，用你认为最舒服的姿势坐着或平躺着，微闭双眼，用鼻子深吸一口气，然后分三次慢慢地呼出来，用心去感受气流与鼻腔之间摩擦的感觉，感受吸进去的气体温度是怎样的，呼出来的气体温度又是怎样的。

如果此时你的注意力无法完全集中在呼吸上，也没关系，这是很正常的现象。重新把注意力拉回到呼吸上来就行，深深地吸，慢慢地呼。

冥想不是让人睡觉，而是一种特殊的放松状态，一种想象力活跃的状态。就像现在，或许你的头脑会浮现出一些画面，这些画面可能是固定的，也可能是不断变换的。你就这样坐着或躺着，让这一切自然地发生，当你的思想插上想象的翅膀时，你的身体也会自然而然地放松下来。

2020年，庚子鼠年来临之际，学生们欢天喜地地迎来了寒假，老人们热火朝天地准备年货，等待儿孙们回家过年，远游他乡的人们满脸欢欣地准备踏上返乡之路，坚守岗位的人严阵以待地做好一切，准备欢度春节，万家灯火通明，街上车水马龙……

然而这一切被一场突如其来的新冠肺炎疫情打破，疫情从武汉开始，迅速席卷全国，感染者数以万计，武汉封城。我们身边有人确诊、有人疑似、有人因接触湖北籍人员而被隔离、我们自己也因疫情影响，取消了原本计划好的探亲访友旅行，闭户在家。

此时，请深吸一口气，分三次慢慢地呼出来，让你紧锁的眉头得以舒展……

但是当你看到疫情之中的逆行者们，你发现爱和希望比疫情蔓延得更快：来自全国的医护人员告别家人，请战抗击疫情，海陆空三军医护人员除夕夜出征支援武汉。仅十天时间建成的火神山医院和雷神山医院见证了中国速度的背后是无数无名英雄的默默奉献；

来自全国各界的捐资捐物，背后更是伟大祖国的全力支持，全国 19 个省市对口支援湖北 16 个地级市……

顿时，你感觉有一束光照进了心里，照得内心暖暖的。你仿佛走进了春天，那里春暖花开，人们摘掉了口罩，也脱掉了厚厚的冬衣，换上了绚丽的春装，重新漫步在春光里。

你来到久违的城市公园，这里绿树成荫、空气新鲜，你忍不住深吸一口气，将空气中淡淡的花香都吸入肺腑，让你感觉到久违的舒心。公园的小路是用碎石子铺成的，起初踏上去时，感觉硌得脚有些疼痒，但走了一会后感觉很舒服。明媚的阳光从树叶的间隙当中轻柔地洒下来，暖暖地照在你身上，你感觉心都被阳光照得很温暖。

你悠闲地向前走着，看见很多美丽的蝴蝶围着一些叫不上名字的花翩翩起舞，仿佛自己的身体也像蝴蝶一样轻盈。满园的翠绿让你身心放松，树上的小鸟在清脆欢快地歌唱，公园里又恢复了往日的热闹。

你喜欢这样的场面：各式风筝飘满天空；广场里跳舞的大妈，舞姿是那样的优美；步行道上穿梭着满脸春光的人们，他们或走着或聊着；健身器材区人头攒动，有玩各种健身器材的，也有踢毽子的、跳绳的；树荫下有人在静静地看书，也有人在下棋打牌；耳旁不时传来儿童的嬉笑声，孩子们有的在踢球、有的在荡秋千、有的在追逐打闹……

你喜欢这种感觉，就这样静静地坐着、静静地看着，感觉阳光的温暖照耀、感觉微风的轻柔拂面、感受春雨过后泥土的松惺、感受或近或远的鸟语声。你爱这样的鲜活的生活气息。此刻，你看到了未来的自己，真实而美好；此刻，你也看到了现在的自己，戴着口罩的自己。你忍不住给了此刻的自己一个会心的微笑，内心平添了一份平静与坚定。

你忍不住深吸一口气，慢慢地睁开眼睛，慢慢地回到现实。

（杨洁）

06
长期居家隔离，请安顿好情绪

随着疫情的发展，大家或许会出现焦躁、烦闷、抱怨、愤怒的情绪，甚至有可能影响正常的生活和工作，影响家庭亲密关系的相处。当疫情退去，愿这段特殊时期带给你的回忆是充实而温暖，而不是孤寂与痛苦。

那么，在接下来可能要独自面对，或和家人朝夕共处的日日夜夜，你应该怎样度过？

一、以积极的情绪提升战胜疫情的心理韧性

接纳情绪：人们对于突如其来的未知会感到焦虑、恐惧、愤怒、无助等，这些都是人们面对重大危机事件时的正常心理反应，不必视之为洪水猛兽，也不必对此有过多的心理负担。学会接纳自己的各种情绪，而不是否认和排斥，有助于我们更好地应对疫情。当然，也并不是对可能有的负面情绪听之任之，而是要对自己的心理状况有一定的监控。

稳定情绪：积极面对，保持理性的态度，获取权威来源的内外部信息。只要做好科学防护，戴好口罩，减少出门，减少风险，我们便是安全的，不要有不必要的恐慌和焦虑。

愉悦情绪：听音乐。聆听舒缓的音乐可以纾解压力，消除负面情绪，让人身体放松，避免因神经紧张失调而导致慢性疾病的产生，还可以帮助入睡，提高免疫力，让身心都得到适度的舒缓和解放。看影视。影视，特别是喜剧影视，可以有效转移注意力，排除寂寞，带来欢乐，维持积极的心理状态，避免将思维聚焦在疫情上。做美食。可口美味的食物会促进大脑释放多巴胺，令人心情愉悦，特别是自己精心制作的美食，得到家人的夸赞，会产生强烈的自豪感和满意感。多泡澡。泡澡过程中大脑内的 β-内啡肽分泌会明显增多，可以舒缓疲劳，放松身心，让人心情愉悦。强爱好。可尝试做自己爱好的各种休闲活动，例如阅读、养花、养鱼、绘画、下棋、书法等。爱好是身心快乐的调节剂，可以消解疲乏或焦虑，获得快乐与成就感。

二、以积极的行动激活战胜疫情的个人资源

运动可以促进大脑释放多巴胺，产生愉悦的心情，达到调节情绪的目的。

身动：在房间里来回走动几圈、瑜伽、哑铃、俯卧撑、太极、打扫卫生、洗洗手、搓搓脸、挠挠头等。

手动：写作、绘画、练书法、做手工、整理照片等。

嘴动：聊天、唱歌、品茶、朗读、大笑等。

眼动：看花、赏鱼、读书、浏览网上博物馆等。

耳鼻动：熏香、听音乐、听书等。

心动：禅思、冥想、表达感恩、憧憬等。

行动：慈善、公益、社区志愿者等。

三、以积极的亲密关系构建战胜疫情的支持系统

积极的亲密关系是战胜疫情的宝贵资源，请将居家隔离时间当作一次重整与深化亲密关系的机会。专注地陪孩子玩耍，耐心地倾听老人说话，积极地与爱人沟通，温和地回应他人，与家庭成员多进行肢体接触，感受有意义的爱的联结。这种有意义的爱的联结，能够使个体获得安全感，形成一种抗压的缓冲带，降低身体中皮质醇（Cortisol）的压力荷尔蒙，进而增强个体的免疫力。

（1）保持与家人、亲人或朋友的联络，获取鼓励和支持。建议每天至少能与家人、亲人或朋友打1次电话或发1次微信，相互鼓励、沟通感情，加强心理上的相互支持，汲取温暖和力量，增强战胜疫情的信心。寻求支持是非常有效的情绪调节办法，既能解决你面临的困境，也能让自己的情绪得以表达。

（2）主动倾诉，放心谈论自己的感受。与家庭成员一起讨论和分享自己对于疫情的感受与想法。说出来，会减缓自己的压力。

（3）耐心倾听家人的诉求，保持亲切的交流态度。不同年龄段的人在疫情压力下会有不同的表现，有的人可能会默不作声，有的人可能会十分焦躁。家人不停唠叨，其实也是一种宣泄焦虑情绪的方式，因此要耐心听，不要嫌烦。倾听家人的感受，不要对其情绪反应进行太多判断或过度解释。

四、以适当的放松训练平和战胜疫情的心态

当我们感到紧张焦虑时，呼吸会变得浅而急促。如果我们能有意识地调整自己的呼吸节奏，让呼吸变得深长缓慢，可以在一定程度上帮助身体和情绪恢复平静。放松练习，包括音乐放松、腹式呼吸放松、正念冥想放松等，实际上是让全身逐渐放松的过程。

正念冥想可以提高人的免疫力。通过手机里有关于冥想的 App，可以每天做几次放松训练，有助于我们降低压力，改善情绪。

具体步骤：

第一步：合上双眼，用一个舒服的姿势平躺或者坐着，轻轻闭上嘴，用鼻子缓缓吸气，心里默念"吸"。吸气的时候不要让胸部感到过度的扩张和压力。

第二步：用鼻子缓缓地呼气，心里默念"呼"，呼气的过程不宜过快。

第三步：在反复的呼吸过程中，尝试将注意力放在自己的呼吸上面，感受气流与鼻腔之间摩擦的感觉、鼻腔内温度的变化。

第四步：重复前三步，保持 5～15 分钟，如果这个过程中注意力无法一直集中到呼吸上，这是很正常的，不必为此勉强或自责。

呼吸时请冥想："当疫情结束，你最想做的第一件事是什么？"

憧憬未来，展望美好！

寒冬之后，必有暖春！

希望在，心就安！

（惠淑英 刘子嫒）

07
封闭式办公管理，谨防情绪"病毒"侵袭

为确保打赢疫情防控阻击战，部分单位采取了封闭办公管理的方式。随着时间的推移，人们可能会出现不同状况、不同程度的不良情绪反应。

焦虑不安。对于已婚尤其是家中孩子年幼或老人需要照顾的同志，封闭管理期间与家人隔栏而居，下班后无法回家享受与家人相伴的时光，也无法承担照顾孩子和老人的责任，尤其是在疫情下的特殊时期，担心家人的安全健康却爱莫能助，很容易产生焦虑感或内疚感。

紧张烦躁。对集中管理存在思想误区，或夸大看待当前的疫情发展形势，担心集中办公、居住存在患病隐患，情绪容易紧张。有的同志因长期隔离，活动受限，烦闷得不到及时疏解，或因家中有事自己不能回家解决，而产生烦躁情绪。

麻痹大意。与紧张相反，有的同志会认为当前疫情发展趋势向好，部分城市已经慢慢解除防控，感觉疫情拐点已经到来。有的同

志认为集中封闭管理，隔离了病毒，已经确保了绝对安全，就放松了自我防护，对日常疫情防控措施落实不到位，滋生了麻痹心理。

倦怠萎靡。有的同志因长期处于严控管理，对疫情结束感到遥遥无期，继而产生倦怠感。有的同志不适应突然改变的工作生活节奏，突然有了很多自由支配时间，容易放纵自己，晚上熬夜刷手机、打游戏，严重打乱正常作息，饮食和睡眠也不同程度受到影响，白天工作时精神萎靡不振。

此外，还可能存在失眠、抑郁、易激惹、疑病等其他的不良情绪。

这些情绪"病毒"也具有极强的传染性，如果不注意清除，会慢慢扩散，导致整个团队被情绪"病毒"笼罩，使士气下降，工作效率大大降低。同时，情绪"病毒"也会像灾疫一样侵袭我们的健康，影响我们的工作，干扰我们的生活，所以我们要采取必要的措施，清除情绪"病毒"。

与情绪共处。出现不良情绪时，不要慌张，告诉自己这都是非常时期的正常心理反应，要学会接纳它们，不被情绪左右。可以利用业余时间学习一些心理放松的方法，比如肌肉放松、想象放松、冥想放松等，也可以通过画画、唱歌等表达自己的情绪，通过积极正向的方式与情绪和谐共处。

与心灵对话。封闭管理期间给我们带来的最大收获就是有了很多可以自己支配的空闲时间，我们可以利用这段时间，安静地与自我进行对话，找回最好的自己。可以通过阅读来提升自己，也可以通过写作来梳理自己，或是制订一些小目标来激励自己，通过激发自身内在资源来完善自我。

与身体共舞。封闭管理期间，应保持规律健康的生活方式，这既是治疗情绪"病毒"的良药，也是保持自身健康，提升免疫力的有效途径。我们可以与同事一起，相互促进提醒，坚持规律的一日作息，善待自己的身体，注重劳逸结合，主动健身运动，合理健康饮食，坚持良好的卫生习惯，做好个人防护。

与家人交流。隔离病毒但不会隔离亲情，家人永远是我们最给力的支撑，是他们义无反顾地挑起了家庭的责任。让我们放心在岗，工作之余多与家人沟通交流，彼此成为战胜疫情的相互支撑。密切与家人的浓厚感情，既可以缓解自己对家人的思念之情，也能给守在家中的亲人们精神上的慰藉，缓解家人的压力。

（张婧 邱思洁）

08
同理心，有力量

同理心，又称换位思考和共情，是指站在对方的立场设身处地思考的一种方式，也就是将心比心，主要体现在情绪感受、换位思考、倾听能力以及表达尊重等方面。有同理心的人能够体会他人的情绪和想法，感知和理解他人处境，明白他人的需求，站在他人的角度思考和处理问题，并有将这种理解传达给对方的技术和能力。

一、同理心的力量

同理心是一种直达内心的温暖力量。人与人之间最美好的东西，大概就是基于同理心的理解与帮助。

同理心拉近了心与心的距离。同理心是我们相互理解的基础，它能使我们更加设身处地去体会他人的思想与情感。隔离病毒，但不能隔离爱。在抗疫这条路上，是同理心的感化力将心与心的距离拉近。

同理心是关怀的基础。一旦我们产生了同理心，我们的关怀程度就上了一个台阶，然后我们才会去帮助他人。大脑的神经系统在感受到别人的需要后会指示我们采取行动。比如，当一群女人观看婴儿哭泣的录像时，那些最能感受到婴儿悲伤的女人眉头皱得最厉害，而皱眉头正是产生同理心的表现。有的人会有强烈的欲望，想把婴儿抱起来。心理学中的利他理论认为，如果我们能够感受到他人的痛苦，同理心会自然而然地引导我们承担起帮助他人的责任。

同理心释放了更多的善意。同理心，使我们看问题的视角更加全面，对事物的把握更加准确，也更能与身边的人和谐相处。对他人有更多的同理心，能避免更多的伤害，传递更多的爱。在新冠肺炎疫情面前需要我们充分展现我们的同理心、责任感，在大疫面前紧紧相连，没有人可以置身事外。

同理心推动了整个社会文明的进展。当人们珍视同理心与宽恕的价值，愿意了解他人的感受，设身处地为他人着想时，不仅可以润滑人与人之间的关系，也是一种集体的力量，甚至可以改变整个社会与政治经济的面貌。当前全国人民一盘棋的局面就是最好的诠释。

二、抱持同理心可以这样做

鲁迅说"人类的悲欢并不相通"，尽管我们也许始终无法对另一个人或另一个群体做到完全的感同身受，但仍然可以努力，用好同理心这个奇妙的工具，更好地去理解别人、爱别人，同时也获得对自己生命内涵的丰富与完整。

（1）聆听与安慰。要学会聆听各种声音：一线医护人员战斗的奔跑声、治愈患者出院时的感谢声、全国复工复产的喧闹声……是这些声音，传递给我们讯息。我们可以关注网络信息，关注权威发布，这也是激发同理心的第一步。

（2）觉察与共鸣。觉察，包括觉察自我和觉察他人。我们既要触及、挖掘自己内心的感受，也要能够觉察到他人的内心感受，能够通过接收到的各类信息来体会他人的情感。

同心共情，与之和鸣，共鸣之意，表达为首。当我们能够觉察到和他人的感受产生共鸣时，可以将自己的感受表达出来。例如我们与他们对话时，可以表达自己的感同身受，告诉你身边的同胞，"你不是一个人，你的痛苦是全人类的痛苦。生活从来不是容易的事，所有人都会有忧郁和难受的时候。"给予对方信心和支持，运用同理心与他人产生共鸣。

（3）感受与懂得。当人们身处困境时，他们会努力地向上喊，"有人吗，我像是被卡住了，四周很黑，我不知道该怎么做。"具有同理心的人们看到后，会主动爬下来，告诉他："我知道在这里是什么样的感觉，你并不孤单。"让对方感受到能够理解他的处境并懂他。

人海茫茫，与爱相伴，山川异域，风月同天。同悲伤、同感动、同牵挂，一双温柔眼睛的目光，一句鼓励的话语，会让苦难中的人感受到温情的存在，这就是给予他们抵御困难的最强大力量。

（肖春花 杨梓鹤）

09
用"涂鸦"让心与孤独坦然相处

疫情期间，居家隔离的人们难免会产生孤独感，甚至会引发躯体化症状。长时间"宅"在家中时，我们不妨使用"涂鸦"方式，让心与孤独坦然相处。

涂鸦与绘画具有相同之处，均采用了一些抽象的形式。但相较绘画，涂鸦没有美学目的，不需要刻意展示技巧技术，能让人更加感觉到放松和自由。由于不需要完成一幅完整的作品，这便减轻了心理压力，减少了防御，可以把自己心中的情绪能量通过手中的笔传达出来。心理学家弗朗索瓦兹认为，涂鸦是一种发泄的方式，通过不同的图案表达了不同的象征意义，能把我们从压力和各种情绪中解放出来。特别是感到孤独时，涂鸦可以使人拥有一个能够随时倾诉的对象，能够很好地缓解孤独带来的不良情绪感受。

涂鸦在任何场所均可进行，所需要的材料也随手可得，便笺纸、A4纸甚至餐巾纸，签字笔、水彩笔、蜡笔、颜料，都可以随意选择，可操作性非常强。我们可以坐在柔软的沙发上，身体尽量放松、自然。放空自己，平和地注视面前的纸，尽量去感受内心，无论是怎样的情绪，都尽可能地接纳它。觉察自己的呼吸，保持身体放松，随意地在纸面上留下任意线条，让思绪天马行空。无论线条是尖锐的还是圆润的，是连续的还是间断的，都不用刻意控制，跟随自己的感觉就好。这样边画边感受自己的呼吸，放松自己的身体。如果一张纸画完了，依然觉得情绪没有得到释放，可以换一张纸，直到感觉负面情绪降低到能接受的程度为止。

除孤独外，当前疫情还给人们造成了恐慌、紧张、焦虑等情绪，在涂鸦中可能会出现各种锯齿形的线条、各种圆圈、迷宫或螺旋，甚至纸张也会被笔尖划破。这都没有关系，换一张纸继续就可以，直到专注于每一个笔画，呼吸平稳下来。如果家中有水彩颜料，还可以给自己的涂鸦作品描绘上柔和的色彩。

在涂鸦结束后，观察自己的涂鸦作品，思考这幅作品引发的感受是什么，想要表达的是什么，图画中的色彩带给自己什么样的感觉。你也可以把涂鸦作品按照时间顺序装订成册，去逐一体会每一段线条的颜色深浅、长短粗细变化，领悟作品之间的相互联系，觉察自己，接纳每一个瞬间的自己。让涂鸦这种与自己对话的方式，与我们自身的各种情感相联系，通过重建自我认同的路径追寻自我，与孤独坦然相处，平和地度过居家隔离的时光，以更加饱满的热情投入到工作之中。

（袁化宇　姚家宁）

后 记

著名的人本主义心理学家马斯洛曾说,"心理学不是缺陷心理学,心理学要关注成长而不是停滞,关注优势和潜能而不是弱点和局限。"这也是本书的价值取向和宗旨。本书主要以"我们的太空"微信公众号心灵加油站栏目中的文章为主,在此基础上进一步丰富和拓展。本书能得以出版,感谢航天工程大学基础部的大力支持,感谢"我们的太空"微信公众号心灵加油站栏目的撰稿者、配音者及工作人员的辛勤付出,感谢所有一起探索心灵世界的志同道合者。愿大家读完此书后,能享受这段与自己心灵独处的时光,在浮躁中获得安宁,从孤寂中获得清醒,不断去发现、去成长、去成为更好的自己、享受更美好的人生。

作者

2022 年 6 月 20 日

于北京

# 反侵权盗版声明

电子工业出版社依法对本作品享有专有出版权。任何未经权利人书面许可，复制、销售或通过信息网络传播本作品的行为；歪曲、篡改、剽窃本作品的行为，均违反《中华人民共和国著作权法》，其行为人应承担相应的民事责任和行政责任，构成犯罪的，将被依法追究刑事责任。

为了维护市场秩序，保护权利人的合法权益，我社将依法查处和打击侵权盗版的单位和个人。欢迎社会各界人士积极举报侵权盗版行为，本社将奖励举报有功人员，并保证举报人的信息不被泄露。

举报电话：（010）88254396；（010）88258888
传　　真：（010）88254397
E-mail： dbqq@phei.com.cn
通信地址：北京市万寿路173信箱
　　　　　电子工业出版社总编办公室
邮　　编：100036